Las células madre

Karel H.M. van Wely

CSIC

CATARATA

Catálogo general de publicaciones oficiales
http://publicacionesoficiales.boe.es

Diseño gráfico de cubierta: Carlos Del Giudice
Fotografía de cubierta: © Yukimasa Hirota/Thinkstock

Fuencarral, 70
28004 Madrid
Tel. 91 532 05 04
Fax. 91 532 43 34
www.catarata.org

ISBN (CSIC): 978-84-00-09798-1
ISBN (CATARATA): 978-84-8319-907-7
NIPO: 723-14-039-3
DEPÓSITO LEGAL: M-11.321-2014
IBIC: PDZ/PSF

Índice

CAPÍTULO 1

¿Por qué un libro sobre las células madre?

Recibimos noticias sobre las *células madre* casi a diario, pero pocas veces se nos proporciona la información necesaria para ponerlas en un contexto comprensible. Si hay alguna novedad relacionada con este tema, los medios de comunicación suelen mostrarnos doctores con sus batas blancas, congeladores con nieblas o tanques de nitrógeno líquido y complicados microscopios en acción. Estas imágenes forman el preludio a la revelación del propio descubrimiento, a veces menos memorable que las fotografías que nos ofrecen del laboratorio, pero siempre acompañado de la promesa de que posiblemente se convierta en la cura de terribles enfermedades tras varias décadas más de investigación. El objetivo de este libro no es criticar la investigación con células madre ni hacer ningún reproche a los medios de comunicación, pero me gustaría preguntarle al lector si recuerda un hallazgo exacto que hubiera escuchado en una noticia de este estilo o si solo se ha quedado impresionado por las imágenes tecnológicas. Es comprensible que a los científicos les guste mostrar los avances hacia futuras aplicaciones de una manera más bien aséptica, dado que la obtención de células madre a partir de embriones ha levantado importantes recusaciones éticas difíciles de borrar de la memoria colectiva. Por la forma en que nos llegan estas noticias, parece que las células madre son un producto de la experimentación; resulta fácil olvidar que son un hecho biológico y no provienen de un laboratorio. Sin embargo, millones de células madre hacen posible que el cuerpo humano siga funcionando, cada día y en cada persona. Su importancia para mantener un equilibro se manifiesta en las enfermedades que se producen cuando pierden parte de su funcionalidad, como por ejemplo en la enfermedad de Alzheimer. El potencial para combatir estas enfermedades degenerativas con células madre es evidente, y por esta razón han experimentado una verdadera resurrección en la última década. La posibilidad de obtener células madre de tejidos adultos, e incluso generarlas a partir de otras células, ha liberado a médicos y biólogos de los problemas éticos más graves. Sin embargo, tan solo estamos dando los primeros pasos para convertir estos conocimientos biológicos en herramientas y todavía hace falta estudiar sus posibilidades y limitaciones antes de que se puedan aplicar eficazmente en medicina. Al final, mantener un equilibrio sin restricciones o excesos —un crecimiento incontrolado también da lugar a patologías— presenta un tremendo desafío para las células madre. Tampoco los expertos saben todavía exactamente cómo se mantiene una velocidad de crecimiento adecuado durante toda la vida.

Para que podamos comprender mejor el reto al que se enfrentan los médicos y biólogos, lo mejor es que empecemos con una "simple" célula.

Una breve historia de la célula

En la actualidad aceptamos con total confianza que la células son un componente esencial y básico de todos los seres vivos —por comodidad olvidamos aquí los virus—, pero no siempre ha sido así. La teoría de la vida aceptada universalmente y anterior al descubrimiento de las células era el vitalismo, que considera que los seres vivos se distinguen de los objetos inertes solo porque se les ha dotado de algún componente o principio no físico. Aunque sabemos que esta descripción no es errónea en sí, y que todos los elementos de nuestro cuerpo se pueden encontrar en cualquier rincón del universo, el final abierto de esta teoría no ha resultado muy satisfactorio. La curiosidad y el afán de encontrar los secretos de la vida suscitaron la búsqueda de este "componente o principio" en cuanto se presentó la primera oportunidad.

La respuesta humana al hecho de no percibir con suficiente detalle algo es acercarse, y el instrumento por excelencia para realizar este acercamiento es el microscopio. Haciendo un gran esfuerzo, el ojo puede ver justo las células humanas más grandes, como, por ejemplo, los óvulos, que miden aproximadamente lo mismo que la anchura de un pelo, pero no es capaz de distinguir otros detalles dentro de ellas. Por supuesto, los nervios tienen protrusiones mucho más largas que conectan con las extremidades para transmitir señales eléctricas, pero cada protrusión es tan fina que no se distingue a simple vista. Tan solo con la construcción de los primeros microscopios compuestos por dos o más lentes —un logro a veces atribuido al holandés Zacharias Janssen— se obtuvo el número de aumentos necesarios para que las células se pudieran ver con una comodidad relativa. Por lo tanto, la invención del microscopio abrió, literalmente, el mundo interior a nuestros ojos.

El primero en dibujar con fidelidad una estructura microscópica y en emplear el nombre de *célula* fue el inglés Robert Hooke, quien usaba el microscopio para estudiar las propiedades del corcho a finales del siglo XVII. Este nombre resultó ser muy apropiado, ya que en el corcho se manifiestan en el sentido más antiguo de la palabra, como huecos o cavidades.

Varios científicos contemporáneos del doctor Hooke, por ejemplo, Antonie van Leeuwenhoek y Lazzaro Spallanzani, observaron que los microorganismos —por entonces llamados *animálculos* o *pequeños animalitos*— también estaban hechos de estas unidades discretas y delimitadas. Sin embargo, aunque las células del corcho dejan huecos convenientes y los microorganismos se mueven libremente por el agua, las células de nuestros órganos están apiladas de una manera tan densa, que hacían falta mejores microscopios para poder distinguirlas.

Fue a comienzos del siglo XIX cuando los microscopios llegaron por fin a tener la suficiente calidad para mostrar detalles. Uno de los primeros logros obtenidos con un microscopio mejorado fue la disección de plantas vivas, que mostraba que los organismos complejos también están hechos de células. A raíz de esta observación, en 1824 el doctor francés Henri Dutrochet propuso que la célula es la unidad de organización básica de todos los seres vivos. Unos años más tarde, una colaboración entre tres doctores alemanes (Theodor Schwann, Matthias Jakob Schleiden y Rudolf Virchow) daba lugar a una de las primeras, y de las pocas, leyes biológicas: la teoría de la célula. Esta teoría hizo que por fin los biólogos se distanciaran del vitalismo, y un derivado modernizado de ella todavía se considera válido hoy en día.

Sin embargo, los aspectos más importantes de la teoría de la célula ya se habían precisado a mitad del siglo XIX: "Todos los seres vivos están hechos de células, las células se forman de otras células a través de la división, las células son las unidades fundamentales —de manera estructural y funcional— de la vida". Más adelante veremos cómo uno de estos aspectos, la división, tiene especial importancia para el tema principal de este libro.

Aunque en la actualidad las células nos puedan parecer algo de lo más trivial, su descubrimiento cambió por completo nuestra percepción de la vida. Si un organismo contiene células discretas, con funciones diferentes, también es lógico que sus propiedades se dividan en módulos. La búsqueda de los módulos que definen las características —los genes— y la manera en que se pasan de una generación a la próxima se ha convertido en la genética. La organización del cuerpo en células también implica que pueden ser ligeramente diferentes entre ellas. Aunque Charles Darwin nunca llegara a incorporar la célula en su teoría de la evolución, probablemente haya influido mucho, ya que es el vehículo idóneo para pasar las características de una especie a la próxima generación.

De las células a las células madre

El final del siglo XIX y el principio del siglo XX fue un periodo especialmente emocionante para muchos campos de la ciencia; muchos de los descubrimientos que hoy en día forman parte de nuestra vida cotidiana tuvieron su origen en esa época. Aplicando una mirada retrospectiva podemos decir que el principio del siglo XX propició un ambiente científico muy productivo, y no solo en física, sino que también se elaboraron gran parte de las teorías y conceptos que forman la base de nuestros conocimientos actuales en biología y biomedicina. Ciertos avances en la química orgánica que se produjeron en el siglo XIX, pensados originalmente para producir tejidos de colores más brillantes y duraderos, han hecho posible la tinción específica de células individuales en órganos e, incluso, en estructuras más pequeñas como núcleos y mitocondrias. Para los biólogos que consiguieron aprender estas técnicas de tinción, una simple célula resultó contener un mundo completo lleno de textura. Estas técnicas dieron lugar al nacimiento de una nueva disciplina que actualmente conocemos como histología.

Uno de los primeros científicos que aplicó estos nuevos métodos de tinción fue Santiago Ramón y Cajal, quien realizó unos detallados dibujos del sistema nervioso central y descubrió cómo se interconectaban las neuronas. El doctor Ramón y Cajal recibió el Premio Nobel de Fisiología y Medicina en 1906, junto con el italiano Camillo Golgi, quien desarrolló el método de la tinción aplicada en el descubrimiento.

Pero, aunque los nuevos métodos de tinción revelaban la estructura global de los tejidos, todavía no servían para identificar las células madre. Una tinción basada en métodos químicos simplemente da una información limitada sobre su identidad, ya que muestra la forma de la célula, pero no indica qué está haciendo exactamente. La forma de las neuronas destacaba lo suficiente para permitir su identificación hace un siglo, y sus numerosas conexiones mostraban directamente su capacidad de transmitir información, pero encontrar una relación entre la forma y la estructura de las células de la mayoría de órganos resulta mucho más difícil. Para encontrar el primer contacto con las células madre tenemos que visitar otro de los órganos favoritos de la época, el sistema hematopoyético, que es la fuente de las células de la sangre.

FIGURA 1

Tinción de tejidos con métodos del siglo XIX (izquierda) y del siglo XX (derecha). Mientras que las primeras técnicas de tinción coloraban el interior de las células de manera homogénea, las tinciones modernas permiten distinguir estructuras internas. En la tinción moderna, los núcleos de las células aparecen más oscuros que el citoplasma. La detección de estructuras internas da una idea global del comportamiento de las células, esencial en el diagnóstico de patologías.

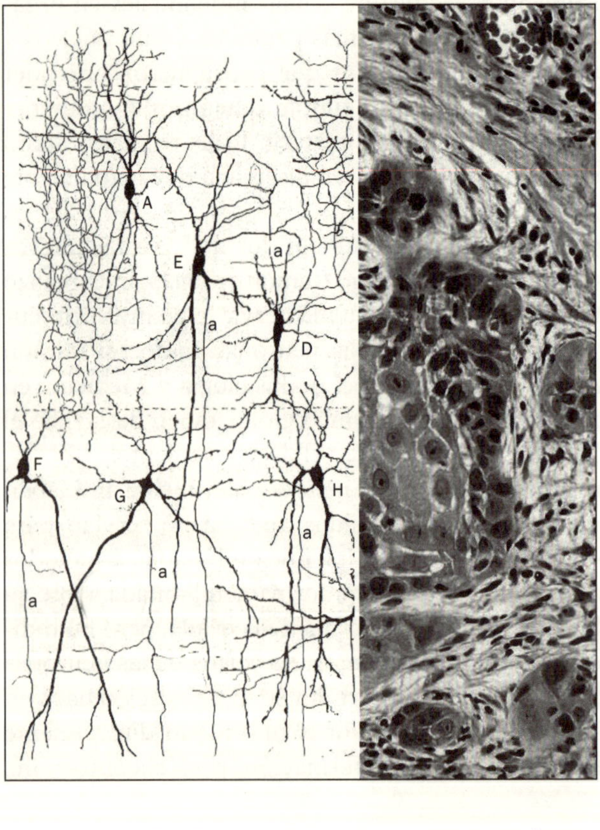

La sangre es un órgano con propiedades muy curiosas que no ocupa un espacio definido en el cuerpo. Los glóbulos rojos, las plaquetas y el suero se mueven por los vasos sanguíneos hacia todos órganos. Además, los linfocitos pueden salir de los vasos sanguíneos e infiltrar en los tejidos para combatir infecciones. Una característica adicional de la sangre es su capacidad para regenerarse, la cual supera ampliamente a la de otros órganos. Así, cuando perdemos una cantidad considerable, se reconstituye en cuestión de días o semanas hasta llegar a los niveles normales. Pero quizá el aspecto más interesante sea la metamorfosis continua de las células de la sangre. Casi todos los tejidos experimentan notables cambios durante el desarrollo embrionario y el crecimiento posterior, pero la médula ósea sigue produciendo células de la sangre —tan distintas como linfocitos, mielocitos, plaquetas y glóbulos rojos— a lo largo de toda la vida. Como veremos más adelante, la médula ósea ha desempeñado un papel cardinal en el descubrimiento, la caracterización y la aplicación de las células madre.

El doctor ruso Alexander Maximow fue quien introdujo, en el año 1909, el concepto de las células madre como fuente de otros tipos celulares. Él empleó el término alemán *Stammzellen*, que significa literalmente "células troncales"; pero, aunque este término ha sido traducido a otras lenguas de manera directa, incluyendo las lenguas latinas, por razones desconocidas no ha cuajado en castellano.

Aprovechando las nuevas técnicas de tinción inventadas en las décadas anteriores, el doctor Maximow se hizo un experto en la identificación de los distintos tipos de células de la médula ósea. Científicos coetáneos ya habían propuesto que un único tipo de células en la médula ósea daba lugar a distintos tipos de células del sistema inmune. La idea de una especialización gradual, llamada *diferenciación*, ya se conocía gracias a la embriología; todos los órganos especializados del cuerpo se forman a partir de tejidos generales y todos provienen de una única célula. Aunque las ideas generales de principios del siglo XX dictaban que la diferenciación de los tejidos se detenía en el cuerpo adulto, la médula ósea aparentemente se escapaba de esta norma. Curiosamente, aunque el doctor Maximow denominó esta teoría con el nombre de células troncales, no encontró evidencia para una diferenciación al aplicar la tinción simple disponible en ese momento, y pensó que todas las células del sistema inmune eran más o menos iguales. Por esta razón, el propio inventor de la denominación se mostraba inseguro y expresaba la posibilidad de que los leucocitos cambiaban simplemente de apariencia en vez de derivarse de las células troncales. Afortunadamente, los biólogos componen un grupo de científicos más bien tercos, y la idea de que los diversos tipos de leucocitos provienen de un solo grupo de células en la médula ósea no cayó en el olvido.

Otra doctora rusa, Vera Danchakoff, continuó la investigación de la sangre después de emigrar a Estados Unidos y fue una gran promotora de la teoría. Después de unos años, también el doctor Maximow acabó hablando libremente de las células madre.

¿Qué son las células madre?

Aunque la expresión "células troncales" se usó por primera vez hace más de un siglo, resulta difícil dar una definición concisa y exacta que abarque todos los tipos de estas células. Además, todavía se están discutiendo los límites de la *diferenciación* y es probable que en breve sustituyamos la actual idea de saltos entre un tipo de células y otro por un concepto de transiciones graduales. Le pido al lector un poco de paciencia y espero que la respuesta a esta pregunta elemental quede clara a lo largo de este libro. Al fin y al cabo, "células madre" es una etiqueta que le hemos puesto recientemente a un fenómeno natural con millones de años de antigüedad.

Una alternativa a la definición estricta que funciona bien en la práctica, y que por lo tanto se usa normalmente, es contrastar las observaciones con una serie de propiedades atribuidas a este tipo de células. La primera de estas características la hemos visto anteriormente: la capacidad de las células madre para convertirse en otro tipo de células. Por ejemplo, las células madre de la médula ósea se convierten en los leucocitos migratorios de la sangre, en los glóbulos rojos y en las células productoras de plaquetas mediante el proceso de *diferenciación*.

La segunda característica, igual de importante, es la *autorrenovación*, es decir, la capacidad para dividirse durante un largo periodo y mantener una población de células madre en el órgano. Este descubrimiento, obra de los doctores canadienses Till y McCulloch, destaca sobre todo por la elegante manera en la que se realizó. De nuevo, la médula ósea mostraba ser un órgano gratificante para este tipo de estudios, ya que se dejaba trasplantar de un individuo a otro con relativa facilidad. Después de erradicar el sistema inmune de ratones por irradiación —la pérdida del sistema inmune es uno de los graves problemas al sufrir un accidente radiológico—, los doctores Till y McCulloch pudieron repoblar la médula ósea con células obtenidas de otro ratón.

Aunque el doctor Donnal Thomas ya había realizado anteriormente en Nueva York un trasplante de médula ósea en humanos, en el año 1963 ellos diseñaron una manera de distinguir las células del ratón donante y receptor. Al trasplantar la médula ósea derivada de un ratón con una aberración genética —un cromosoma alterado, reconocible con el microscopio, y las tinciones del siglo anterior—, fueron capaces de identificar las células del donante entre un exceso de células del receptor. Y, sorprendentemente, las células del donante no solo sobrevivieron en el receptor, sino que también se multiplicaron. De esta forma mostraron que las células del donante se expandían mientras reconstituían la médula ósea (mediante la autorrenovación) y los leucocitos de la sangre (mediante la diferenciación) del ratón receptor. Entonces, un número limitado de células madre podían dar lugar a una gran población en el ratón receptor, mostrando una expansión —necesariamente por crecimiento y divisiones— de estas células. Así, en retrospectiva podemos decir que el trasplante de médula ósea fue la primera terapia con células madre.

A lo largo de las décadas siguientes se han encontrado células con estas características en casi todos los tejidos del cuerpo humano, en sitios tan diversos como las primeras fases de la embriogénesis, la piel, el intestino e, incluso, las raíces del pelo. Independientemente de su localización, las propiedades que definen una célula madre son la capacidad de dar origen a células más diferenciadas y, al mismo tiempo, mantener la propia población de células menos diferenciadas. En los próximos capítulos veremos cómo combinan las células madre la autorrenovación y la diferenciación, aunque representen tareas aparentemente opuestas, y cómo no todas las células madre consiguen realizar sus objetivos igual de bien.

¿Por qué tenemos células madre?

Las dos características principales de las células madre son especialmente evidentes en el desarrollo embrionario. Durante el embarazo, una única célula —el óvulo fecundado— genera toda una variedad de órganos y tejidos, lo que significa que el óvulo tiene que dividirse para producir más células y diferenciarse para generar otros tipos de células.

Ya que la gestación tiene lugar según un programa similar en todos los vertebrados, parece obvio que estos animales complejos dependan de las células madre. Pero también en animales más simples, incluso en los insectos y lombrices, existe una distribución entre funciones básicas (crecer) y especializadas (mover, transportar, percibir, etcétera). Esencialmente, todos los seres vivos en los cuales se forman órganos especializados necesitan una manera de convertir el óvulo fecundado en una variedad de células diferenciadas. Se puede decir que la diferenciación es una estrategia de vida que da ventajas importantes; usamos, por ejemplo, una parte del cuerpo especializado para desplazarnos hacia una fuente de alimentos o para detectar un peligro a larga distancia.

El grado de especialización de los tejidos suele ser todavía más alto de lo que pensamos; solo hace falta observar cualquier parte del cuerpo, por ejemplo, una mano. A primera vista parece una sencilla herramienta que usamos todos los días, pero la variedad de células que se encuentran en ella resulta sorprendente. No solo hay hueso, piel y músculos, sino también pelos, uñas, tendones, glándulas de sudor y hasta neuronas para sensaciones como el tacto y la temperatura. Tener células madre parece que está relacionado con la especialización de las distintas partes del cuerpo, pero todavía no está completamente claro por qué la especialización se soluciona de esta manera.

Puede que la necesidad de diferenciarse se determine por la cantidad de información genética que pueden manejar las células; cada célula de un solo individuo tiene el mismo conjunto de genes, alrededor de 20.000 en los humanos. Sin embargo, 20.000 genes son demasiados para que una sola célula pueda manejarlos y lo que suele ocurrir es que algunos de ellos se activan mientras que otros se apagan. Por término medio, solo una cuarta parte de todos los genes está activada en un tipo celular, y desde el punto de vista de la evolución no ha sido posible reunir más funciones en un solo órgano. Este proceso de activar y apagar genes, asociado obligatoriamente con la diferenciación, se puede comparar con la elección de una profesión; los humanos tampoco tenemos una capacidad ilimitada para almacenar información y es fácil que cuando aprendemos un oficio especializado olvidemos otras habilidades generales. Básicamente, el oficio de cada célula se determina por los genes activos. (En el próximo capítulo volveremos a visitar los genes y su especial significado para las células madre.)

No todas las células madre son iguales

Durante las primeras fases del desarrollo, los genes se encienden y apagan con rapidez —también los jóvenes aprenden con facilidad— mientras el embrión sigue creciendo. Pocos años después del descubrimiento de Till y McCulloch, varios investigadores vieron ya que las células del embrión temprano tienen una capacidad de autorrenovación y diferenciación especialmente alta. Por su origen, las células que se pueden derivar en este momento se llaman *células madre embrionarias*. Cuando estas células se cultivan en el laboratorio, fuera del cuerpo pero con los nutrientes adecuados, siguen creciendo indefinidamente. Cuando ocurren unas condiciones específicas, en el laboratorio por la incubación con hormonas o en el embrión por los contactos entre células, se activa la diferenciación. Si se aplican las condiciones adecuadas, se puede dirigir el programa de diferenciación de las células madre embrionarias hacia casi cualquier otro tipo de célula y, por lo tanto, también las conocemos como *células madre pluripotentes*. Esto significa que tienen la plasticidad para la diferenciación a múltiples tejidos distintos.

En los mamíferos solo existe una célula con la capacidad de formar cualquier tejido, el óvulo fecundado, la cual se puede considerar una *célula madre totipotente*. Aunque esta capacidad totipotente se mantiene durante una o dos divisiones, la diferenciación empieza pronto en la embriogénesis para definir el interior y el exterior del cigoto. Mientras que la parte exterior se convertirá en la placenta, las células del interior formarán todos los tejidos del propio embrión, función por la que reciben el nombre de células madre embrionarias o células madre pluripotentes. En resumen, las mismas células han recibido dos nombres: el de *células madre embrionarias* hace referencia a su origen, y el de *células madre pluripotentes* indica qué tejidos pueden formar cuando se diferencian.

Desde el punto de vista del desarrollo y su capacidad para generar muchos tipos de tejidos, las células madre embrionarias tienen un interés especial. Sin embargo, su uso en medicina resulta complicado por las posibles implicaciones éticas, relacionadas con la manipulación de embriones u óvulos. En este libro intentaré limitarme a describir los aspectos técnicos. En los próximos capítulos trataremos con más detalle los mecanismos de la diferenciación y las contribuciones de las células madre pluripotentes a los conocimientos actuales.

Una creencia común, reforzada a veces por la profusa atención que los medios de comunicación brindan a las células madre, es que solo están vinculadas con el crecimiento durante el embarazo o la juventud. Sin embargo, si recordamos los trasplantes de la médula ósea, debemos concluir que también los adultos albergan células madre. Nuestro organismo no suele mostrar cambios radicales cuando deja de crecer, pero tampoco se convierte en una materia estática, ya que las células llegan al final de su vida útil y necesitan ser reemplazadas de manera inevitable y continua. Por lo tanto, el mantenimiento de los órganos requiere que las células se dividan hasta la muerte del individuo.

La médula ósea es un ejemplo extremo —su contribución al descubrimiento de las células madre no es fortuita—, porque debe dar una respuesta contundente a las posibles infecciones. El sistema inmune, alojado parcialmente en el interior de los huesos, puede generar una gran cantidad de linfocitos, los cuales sobrarán después de que se haya eliminado el peligro. Pero también hay otros órganos que requieren una renovación continua; la piel pierde su capa superficial por efectos mecánicos aunque no haya heridas, y el intestino sufre abrasiones debido a la comida que pasa por su interior. Incluso las células de un órgano tan poco expuesto como el riñón se desgastan y requieren ser reemplazadas ocasionalmente. Así, el proceso de autorrenovación y diferenciación sigue funcionando para sustituir las células viejas no funcionales en los adultos, donde la gran mayoría de ellas han perdido su capacidad reproductiva. En otras palabras, una célula no puede hacerlo todo, y las divisiones necesarias para la autorrenovación se detienen una vez que la diferenciación ha llegado a un punto determinado. En contraste con las células madre embrionarias, las *células madre adultas* ya se han especializado parcialmente para generar suplentes en tejidos específicos sin un largo proceso de diferenciación intermedia. Consecuentemente, las células madre adultas producen un repertorio reducido de tejidos en comparación con las embrionarias.

En el último año del siglo XX se descubrió una clase de células madre adultas capaces de diferenciarse todavía en varias direcciones. Estas células madre tienen su origen en las capas intermedias del embrión (las *mesénquimas*); se denominan *células madre mesenquimales* o *células madre multipotentes* y, a pesar de que están estrechamente relacionadas con una capa del embrión, persisten en el adulto. La posibilidad de encontrar células madre útiles en el adulto por fin ha reducido —y quizá eliminado— la necesidad de usar embriones, lo que sin duda ha dado un nuevo impulso a las investigaciones.

La especialización parcial implica que las células madre adultas carecen de una proliferación rápida y perpetua. Este fenómeno natural nos afecta a todos y se llama envejecimiento. Típicamente, los órganos que dependen en mayor medida de la función de las células madre envejecen antes —por ejemplo, la piel, el pelo, el intestino y el sistema inmune—, pero también órganos en los que el número de células madre no es suficiente para una regeneración duradera —algunas partes del cerebro— sufren este proceso de manera notable. En casos extremos, el envejecimiento prematuro puede ser tan extremo que da lugar a una situación patológica. Esta esporádica condición genética, que se llama *progeria*, se produce por una pérdida de autorrenovación de las células madre. En los últimos años también se han relacionado algunas enfermedades más comunes, como el cáncer, con un comportamiento alterado de las células madre. En este caso se produce por un aumento descontrolado y no por una pérdida de reproducción. Y es que resulta que el trabajo de las células madre en nuestro cuerpo es bastante complicado...

Como veremos en los últimos capítulos del libro, los científicos tan solo están dando los primeros pasos para aprender a identificar las células madre y a dirigir el proceso de autorrenovación y diferenciación en el laboratorio. Para que el lector se pueda hacer una idea de lo difícil que es la vida de una típica célula madre, explicaré antes los desafíos a los que se enfrenta y las armas de que dispone para llevar a cabo su función.

CAPÍTULO 2

Lo importante es lo que puedes hacer

Células inmortales

En algún momento durante los próximos días, un estudiante de tesis, un investigador o un técnico se pondrá unos guantes aislantes y sacará un vial marcado con la abreviatura HeLa de un tanque de nitrógeno líquido situado en un lateral del laboratorio. Después de limpiar el vial por fuera con alcohol, para evitar contaminaciones, aspirará el contenido con una pipeta y lo introducirá en un frasco estéril con un medio nutritivo que contiene azúcares, aminoácidos y vitaminas. Este frasco, marcado con la misma abreviatura, desaparecerá en un incubador que mantiene la temperatura del cuerpo humano, 37 grados. Al día siguiente, esa persona comprobará el frasco bajo un microscopio y observará con satisfacción que se ha cubierto con una fina capa de células. Aunque pudiera parecer una escena sacada de una película de ciencia ficción, en realidad se trata de un trabajo tan cotidiano en biología celular, que los científicos lo realizan casi sin pensar. Sin embargo, es muy probable que las células que crecen en el frasco tengan una edad varias veces mayor que la persona que trabaja con ellas.

La historia de las células HeLa se remonta a principios de los años cincuenta, cuando el doctor estadounidense

George Otto Grey logró cultivar un tumor extirpado de la joven Henrietta Lacks poco antes de su muerte. El tumor no solo se ha mantenido durante todo este tiempo, sino que sigue creciendo fuera del cuerpo de la donante. Aunque haya pasado más de medio siglo desde la primera vez que el doctor Grey empezó a cultivarlo, las células derivadas de él siguen replicándose con la misma velocidad. A lo largo de los años, estas células —designadas simplemente con el código HeLa— se han repartido por laboratorios de todo el mundo y todavía hoy dan lugar a importantes descubrimientos biológicos. ¡Si fuera posible juntar todos los lotes de células HeLa usados en investigación pesarían decenas de toneladas!

Evidentemente, el doctor Grey consiguió encontrar las condiciones perfectas para que el tumor creciera en el laboratorio, utilizando básicamente una mezcla de azúcares, aminoácidos y vitaminas. Sin embargo, este científico no supo manejar bien el aspecto humano y Henrietta Lacks murió a consecuencia del cáncer poco después de la cirugía, sin saber qué había pasado con el tumor extirpado y sin dar el consentimiento para su uso.

Aunque las células HeLa no sean las células madre de las que trata este libro, la señora Lacks se merece un sitio especial en la historia de la biología, porque una parte de ella sigue con vida hoy en día. La conclusión que podemos sacar es que las células humanas pueden ser inmortales, aunque el cuerpo tenga una vida limitada.

El logro técnico de mantener y propagar células humanas fuera del cuerpo, durante un tiempo considerable, ha creado un problema logístico en el laboratorio. Puesto que las células siguen proliferando, tarde o temprano van a ocupar todo el espacio del frasco. Poco a poco dejan de crecer en una capa fina y empiezan a formar grumos que complican su observación al microscopio. La solución que se utiliza consiste en pasar parte del cultivo a otro frasco, donde el crecimiento empieza de nuevo. Todavía en la actualidad, "pasar células" es una actividad periódica que los biólogos tienen que realizar para disponer de material satisfactorio.

El problema logístico surgió cuando tumores de otros pacientes o de otros animales pudieron ser cultivados en forma de líneas celulares. Al igual que dos tipos de bacterias parecían "animálculos" en la época de Antonie van Leeuwenhoek, discriminar entre un tipo de células y otro con un microscopio resulta bastante complicado. Una vez aisladas del tumor, y cuando crecen en un frasco, todas las células de los mamíferos se parecen en menor o mayor grado. Por lo tanto, marcar el frasco con el nombre HeLa resulta necesario para evitar equivocaciones.

Al ponerles un nombre a las células, automáticamente empezó su categorización. Antes de que la biología celular experimentase una proliferación explosiva en los años ochenta, a los científicos generalmente les preocupaba poco elegir un nombre adecuado y cada uno aplicaba sus propios criterios de clasificación. Ya hemos visto que la designación de las células HeLa proviene directamente del donante. Una práctica habitual era, y todavía lo sigue siendo, utilizar el nombre del órgano o de las muestras de origen, y así, por ejemplo, podemos encontrar células CaCo (carcinoma de colon) o NRK (*normal rat kidney*). Otras veces el nombre no da pistas sobre su origen o propiedades, y el usuario se ve obligado a buscar las características de estas células en la bibliografía científica antes de poder avanzar con su investigación. Lo cierto es que un nombre tan críptico como 4T1 (derivado de un tumor de mama aislado de ratón) no dice mucho…

Durante algún tiempo, los grupos que trabajaban con células madre siguieron el criterio de identificarlas a partir del órgano en el cual habían sido encontradas, añadiendo la clasificación "células madre". En realidad, los grupos que estudiaban las células madre en órganos diferentes a la médula ósea eran una rareza, y en las primeras décadas posteriores a los trasplantes de Till y McCulloch ni siquiera era importante añadir la clasificación "hematopoyéticas"; las células madre en principio solo fueron del dominio de los hematólogos, y el desarrollo temprano, un tema entre muchos en la embriología. Pero todo esto cambió con el descubrimiento de las propiedades de las células del embrión temprano en 1981. Lo importante no fue que estas células se pudieran aislar del cigoto temprano, una fuente alternativa a la de los tumores utilizados hasta entonces, sino que además podían diferenciarse en tipos tan variados como, por ejemplo, neuronas o cartílagos. Mostrando la capacidad para generar varios tipos diferentes de tejidos, un fenómeno que recibe el nombre de *pluripotencia*, ha mostrado ser igual de importante que la fuente de origen. A pesar de la confusión a que puede dar lugar el uso de múltiples criterios para clasificar las células madre, todavía no se ha acordado un sistema universal.

Las primeras células madre

En casi todos los seres vivos que se reproducen de manera sexual —este grupo incluye a la mayoría de plantas y animales multicelulares—, los espermatocitos y oocitos se encargan de transmitir los cromosomas a la siguiente generación. En la fertilización, por la unión de espermatocito y oocito, se crea una sola célula a partir de la cual se genera todo el cuerpo. Ya que todas las células de un individuo provienen del oocito fertilizado, son genéticamente idénticas.

En muchos casos, un animal o una planta se forma de manera independiente a partir de una célula; pensemos, por ejemplo, en los huevos que ponen las gallinas. En contraste con otros vertebrados, sin embargo, en los mamíferos hace falta que el cigoto se implante en el útero de la madre para que pueda tener lugar su crecimiento. La implantación requiere una colaboración, ya que, además de la madre, también el feto contribuye con parte del envoltorio —dos membranas sobrepuestas llamadas el amnios y el corion— para protegerse y alimentarse durante el embarazo. Antes de implantarse, cuando el cigoto todavía no contiene ni una docena de células, estas ya empiezan a ser diferentes unas de otras. El proceso de diferenciación significa que se activan determinados genes, mientras que otros se apagan. Entonces, el contenido genético de los cromosomas no cambia, pero sí la manera en que se usa. En el embrión, la diferenciación tiene la consecuencia de que las células que se dedican a generar una serie de tejidos ya no pueden formar otros tipos celulares. Únicamente las primeras pocas células generadas después de la fertilización tienen la capacidad de formar cualquier parte del embrión y transformarse mediante diferenciación en cualquiera de los —según las estimaciones— 350 tipos de células en el cuerpo. Debido a la capacidad de formar cualquier tipo celular, las primeras células del cigoto han sido llamadas células madre totipotentes. No sabemos exactamente qué pone en marcha la primera diferenciación, pero parece ser una característica autónoma del propio cigoto. Posiblemente el aumento del número de células empuja a algunas hacia las zonas externas, mientras que otras se quedan en el interior.

De todas formas, este proceso ocurre unos cuatro o cinco días después de la fertilización, todavía antes de la implantación. Ya que los cambios tienen lugar tan rápido en esta fase, no ha sido posible derivar células madre totipotentes de embriones y mantenerlas en cultivo hasta ahora. La evidencia de que hay más de una célula totipotente viene de una dirección inesperada, del análisis genético de gemelos y mellizos. De vez en cuando, el cigoto se fracciona en un estadio muy temprano de la gestación, antes de empezar la diferenciación. Puesto que las células siguen teniendo la capacidad de formar un embrión completo, el resultado es una duplicación del proceso desde el principio; nacen gemelos genéticamente idénticos. En alrededor de un tercio de los embarazos que dan lugar a gemelos, la segregación ha tenido lugar en una fase tan temprana que se forman dos amnios y dos coriones individuales —las membranas extraembrionarias derivadas del cigoto—, un hecho que demuestra el potencial para formar de verdad cualquier tipo de tejidos.

Los siguientes pasos de la embriogénesis, los cuales producen un estadio todavía temprano llamado *blastocisto*, sirven para preparar la implantación del cigoto en el útero. Aunque las células siguen dividiéndose de manera diligente, igual que los primeros días después de la fertilización, un blastocisto solo tiene unas 150 células.

Figura 2

Estadio embrionario alcanzado unos cinco días después de la fertilización, llamado blastocisto. El panel izquierdo muestra un blastocisto observado con un microscopio, y el panel derecho, una representación esquemática según el doctor Hubrecht (*Anatomía de Quain*, 1921). La línea superior indica la masa interna de células que formarán el propio embrión, y la línea inferior, el envoltorio que da lugar al cordón umbilical y la placenta.

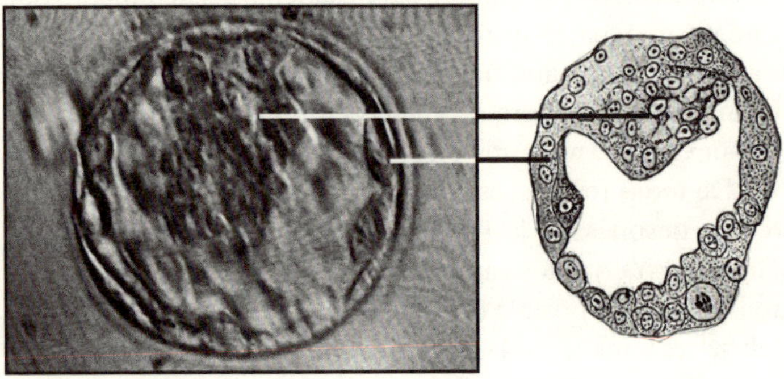

Si se evita la implantación, las divisiones se retrasan y el embrión pierde su viabilidad pasado poco tiempo. Ya que la maduración se ralentiza, sí se pueden aislar las células del interior del blastocisto para cultivarlas posteriormente. Una vez en cultivo, estas células madre embrionarias tienen una alta capacidad proliferativa, que mantienen de manera indefinida. En el año 1981, y de forma independiente, dos grupos de investigación consiguieron derivar células madre de blastocistos de ratón, y evitaron, al mismo tiempo, los problemas técnicos y éticos, lo cual explicaré con más detalle en los próximos capítulos.

Hasta ahora, las células derivadas del interior del blastocisto son la única fuente de células madre embrionarias; y por su capacidad de generar casi todos los tejidos del cuerpo —salvo el amnios y el corion, derivados del exterior del cigoto— han sido llamadas células madre pluripotentes. Mientras que la primera clasificación apunta a la fuente de donde han sido aisladas, la segunda explica qué pueden hacer. Para una aplicación en medicina, la posibilidad de generar una variedad de tejidos diferentes a partir de un solo aislamiento es muy interesante y por eso la pluripotencia ha sido una característica muy buscada en las células madre.

La organización del feto va alcanzando un grado de complejidad cada vez más alto a lo largo del embarazo. Si la masa de células en el blastocisto se parece a una aglomeración sin estructuras particulares, pronto se organiza para crear una especie de tubo. Poco después de la implantación, este tubo forma tres capas principales de las que surgen todos los tejidos y órganos del adulto. Clasificadas según su situación, estas capas se llaman endodermo (capa interna), mesodermo (capa intermedia) y ectodermo (capa externa). En general, la capa interna se convierte en los órganos internos del futuro cuerpo; el mesodermo, en los tejidos conectivos como músculos y cartílago; y el ectodermo, en la piel y tejidos asociados. Pero algunos órganos se desvían de la norma y tienen un origen inesperado —por ejemplo, las neuronas del cerebro provienen del ectodermo— y resulta que las tres capas se pueden mover y mezclar si la organización del cuerpo lo requiere.

Aparte de las tres capas principales, también las células que formarán el sistema reproductivo se agrupan en una región determinada. Estas células, llamadas *células germinales primordiales*, ya están "reservadas" en este momento temprano, porque tienen que transmitir los cromosomas a la próxima generación. Dedicar un grupo de células exclusivamente a la reproducción de la especie previene la acumulación de defectos en los cromosomas por replicaciones erróneas y subraya la importancia de la transmisión del material genético.

La ética humana impide derivar células madre de embriones implantados cuando ya se están formando los órganos internos —la ley puede ser diferente entre un país y otro, e incluso prohibir el uso de blastocistos y fases anteriores—, pero el embarazo proporciona otra fuente igualmente útil. Los tejidos extraembrionarios, formados por las células que rodean la masa interior del blastocisto, tienen su particular despliegue en capas, lo cual incluye un mesodermo propio. A lo largo de los años ochenta se reconoció el potencial de estos tejidos y varios grupos de investigación han encontrado un gran número de células madre hematopoyéticas en el cordón umbilical, capaces de reconstituir la médula ósea al igual que en un trasplante convencional.

FIGURA 3

Representación de las rutas de diferenciación entre cigoto temprano y tejidos especializados. No están representados todos los tipos de células. Las células madre inducidas no provienen de otras células menos diferenciadas.

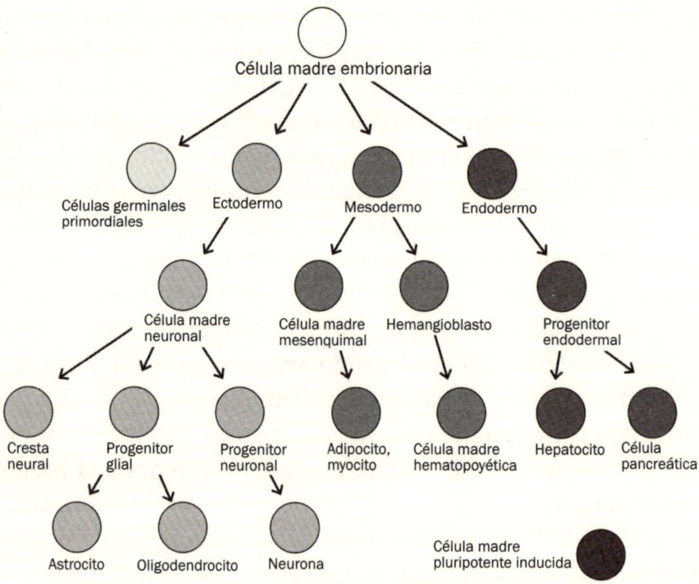

Si la diferenciación procede hasta que se llega a un alto grado de especialización, por ejemplo en los órganos adultos, la velocidad con que se replican las células disminuye. En los adultos, la mayoría de las células son *somáticas* o "normales". Esto significa que después de la fase embrionaria de crecimiento rápido, casi todas las células se diferencian completamente y tienen una dedicación única a su especialización, un tiempo de vida finita y una replicación escasa. Aun así, una pequeña proporción de células madre sigue activa durante toda la vida para el mantenimiento del cuerpo.

Células madre en adultos

Dado que sus características principales incluyen la autorrenovación —un proceso que depende de la replicación celular— y la diferenciación —formar distintos tejidos a partir de un progenitor común—, parece lógico asociar las células madre con el entorno dinámico del feto. En el próximo capítulo explicaré que su función no se limita al desarrollo, y que el equilibrio normal llamado *homeostasis* solo se puede mantener cuando las células madre siguen haciendo su labor.

Existen algunos aspectos que cambian con respeto a la situación dinámica durante la fase de crecimiento —por ejemplo, hay poca migración, salvo por las células de la sangre—, pero estas dos propiedades fundamentales son aún importantes en los órganos adultos. Cuando los órganos han llegado a su tamaño final, la replicación celular se ralentiza porque no tiene que alimentar una expansión corporal. En vez de crecer en el entorno protegido del útero, los órganos tienen que empezar a funcionar para mantener a su propietario, y las células especializadas ganan importancia. La especialización de las células hace que pierdan su capacidad de replicación, y solo unas pocas se dividen en los tejidos del cuerpo adulto. Básicamente, la proporción de células madre es muy alta en el embrión temprano, pero va bajando poco a poco hasta llegar a un mínimo necesario cuando acaba la fase de crecimiento. Sin embargo, la mayoría de los órganos desarrollados mantiene una población de células capaces de dividirse, las cuales pueden reemplazar a las especializadas después de una breve etapa de diferenciación. Por lo tanto, las características consideradas importantes siguen presentes.

Mientras que no se produzca una pérdida excepcional de tejido —como, por ejemplo, por una lesión—, la homeostasis supone que la producción de células nuevas se ajusta a la duración de su vida natural. En algunos órganos, el desgaste es considerable; el intestino se renueva en cuestión de semanas. Una renovación veloz significa que el órgano también responde mejor a una pérdida imprevista de células. Sabemos que son precisamente los tejidos más especializados los que tienen mayores dificultades para la regeneración; solo tenemos que comparar una herida en la piel, donde las células están poco especializadas, con un trauma cerebral, donde el grado de especialización es muy alto.

Las células madre adultas, localizadas en puntos estratégicos de los órganos, ya se han adaptado a la especialización del órgano para que el proceso de diferenciación hasta llegar a una célula funcional ocurra en el menor tiempo posible. Generalmente, esta "preespecialización" parcial impide la diferenciación hacia un tejido no relacionado; se puede apreciar que las rutas de especialización son divergentes en la parte baja del esquema de la figura 3. Además, su capacidad para replicarse es mucho menor que en el embrión. Solo en algunos órganos adultos —otra vez aparece la médula ósea, campeona de las células madre adultas— existe la capacidad pluripotente para generar una cantidad importante de mielocitos y linfocitos. Cuando las hemos aislado de su tejido y se han puesto en un cultivo de laboratorio, las células derivadas suelen agotarse paulatinamente en vez de sostener una expansión ilimitada. En conclusión, la autorrenovación y la diferenciación, que ocurren de forma muy activa en el feto, continúan produciéndose aunque en menor medida en la edad madura, aunque se pueden considerar una continuación del mismo proceso. Usar células del cuerpo adulto, sin embargo, ofrece otras ventajas, ya que evita los problemas de compatibilidad con el sistema inmune. La medicina regenerativa se ha interesado por algunos tejidos en particular, bien por su fácil acceso, bien por su abundancia. El uso de la grasa corporal como fuente de células madre tiene un encanto especial: ¿a cuántas personas no les gustaría perder algo de peso y al mismo tiempo solucionar otro problema de salud? Muchas veces, estos tejidos provienen del mesodermo del embrión, y las células madre adultas frecuentemente reciben el nombre de células madre mesenquimales, aunque este nombre no sea del todo correcto. Un reto para la medicina regenerativa, que explicaré en el quinto capítulo, es encontrar las condiciones para facilitar la diferenciación de las células madre adultas hacia órganos muy distintos, pero también permitir su expansión para aprovechar el número limitado de células que pueden ser aisladas.

Todas las células madre descritas en los párrafos anteriores provienen de un ser vivo, o por lo menos tienen un equivalente natural. Pero no siempre pueden solucionar cualquier problema médico. El uso de células madre derivadas de fetos tiene, obviamente, unas limitaciones éticas muy estrictas, y aunque las células madre mesenquimales siguen presentes en el cuerpo a lo largo de toda la vida, solo constituyen una pequeña fracción de todas las células del cuerpo. El cordón umbilical, un tejido que pierde su utilidad natural tras el parto, puede amortiguar en parte este problema, y hace tiempo que en muchos países existen bancos que guardan células aisladas de esta fuente. Un problema que comparten las células madre del cordón umbilical con los trasplantes clásicos es la compatibilidad del sistema inmune. Aunque guardar el cordón umbilical de muchos neonatos aumentaría la posibilidad de encontrar una muestra compatible para futuros pacientes, la situación idónea sería tener células madre que fuesen genéticamente idénticas a las de la persona que va a recibirlas. Si resulta difícil encontrar bastantes células madre en órganos adultos, ¿por qué no fabricarlas en el laboratorio?

A veces se puede tener la impresión de que muchas innovaciones en el campo de la medicina han surgido en los últimos años, pero ya vimos en el primer capítulo que una gran variedad de ideas en biología y genética se remontan a principios del siglo XX. A menudo son las posibilidades tecnológicas las que determinan los avances y los momentos en que estos ocurren. En los años anteriores a la Segunda Guerra Mundial, el descubrimiento de la radiactividad y los rayos X permitió generar mutaciones en plantas y moscas de vinagre, aunque no de forma dirigida. Los datos que se obtuvieron en esa época fueron esenciales para llegar a los conocimientos que tenemos en la actualidad sobre el envejecimiento. Esa misma época marcó otros avances tecnológicos, por ejemplo, la posibilidad de manejar y manipular células individuales en el laboratorio. A unos científicos se les ocurrió un experimento muy particular. Descrito inicialmente en los años treinta por el alemán Hans Spemann, en 1952 los ingleses Robert Briggs y Thomas King decidieron sacar el núcleo de unos renacuajos y lo introdujeron de nuevo en un oocito. Usando una pipeta muy fina a modo de jeringa, y mirando por el microscopio, reemplazaron el núcleo de un huevo de una rana por el núcleo sacado del renacuajo. Después simularon la fertilización con un pulso eléctrico. El sorprendente resultado que obtuvieron fue que el huevo siguió un desarrollo normal y pasó por las fases del embrión antes de convertirse de nuevo en renacuajo y rana adulta. De alguna manera, el oocito había reprogramado los genes del núcleo introducido para empezar el desarrollo desde el principio.

Por su parte, el doctor John Gurdon decidió en el año 1958 modificar el experimento y usar el núcleo de una célula de un renacuajo albino. Este cambio permite seguir el núcleo de interés, ya que el oocito receptor normalmente produce una rana pigmentada. Después del pulso eléctrico, la rana que crecía del huevo era albina. La conclusión más importante de este experimento fue que todas las células del cuerpo disponen de la misma información genética.

En los últimos años, los biólogos han aprendido a sacar provecho de la conclusión del doctor Gurdon y el material genético se ha convertido en una herramienta para la investigación y la medicina. Los renacuajos muestran un estadio de diferenciación intermedia, comparable con un vertebrado neonato. Al estar todavía en fase de crecimiento, el doctor Gurdon no pudo demostrar que el núcleo venía de una célula somática diferenciada. Pero dos décadas más tarde, investigadores del Instituto de Inmunología de Basel repitieron el experimento y sacaron el núcleo de un linfocito productor de anticuerpos, una célula altamente especializada y por lo tanto totalmente diferenciada. Con este proceso, que se llama transferencia de núcleos, se pueden producir clones exactos de animales complejos como los vertebrados. La formación de clones es común en las plantas, ya que los brotes pueden crear raíces e independizarse de la planta madre de manera espontánea, pero en los mamíferos solo se produce en el caso de los gemelos idénticos.

La primera transferencia de núcleos se realizó en huevos de rana, pero el mismo principio puede aplicarse a los mamíferos. En el año 1996 nacía la oveja Dolly y unos años más tarde se usaba esta técnica para clonar ratones. Comparado con las ranas, las cuales liberan centenares de huevos al medio ambiente, la obtención de oocitos de mamíferos es un proceso tortuoso y poco eficaz. En los roedores es común la maduración de una docena de oocitos por ciclo, pero en los primates la ovulación generalmente produce un oocito cada vez. Además, la delicadeza de los oocitos de los mamíferos no favorece su manipulación en el laboratorio, lo cual complica la inserción del núcleo donante. Una última desventaja es el tiempo. Después de haber recibido el núcleo con el material genético, el oocito tiene que pasar por una gestación completa. Esto no supone un problema muy grande para la investigación, ya que la gestación de ratones dura tan solo unas semanas, pero complica el proceso en otros mamíferos. Sin tener en cuenta las posibles consecuencias éticas —la clonación con fines terapéuticos ha sido prohibida explícitamente—, la transferencia de núcleos ha sido abandonada y se ha optado por técnicas más productivas. Para un posible uso en medicina, un procedimiento idóneo debe convertir las células donadas por el propio paciente en células madre, preferiblemente en poco tiempo y sin material donado por terceros.

En el año 2006, un grupo dirigido por el doctor Yamanaka en la Universidad de Kioto logró por primera vez convertir células diferenciadas adultas en células madre sin la necesidad de pasar por un embarazo. Con sus experimentos, el doctor Yamanaka demostró que se podía revertir el proceso de diferenciación, en un proceso que ha denominado reprogramación. Las células madre generadas de esta manera se llaman *células madre inducidas*, por el "empujón" que reciben. En la figura 3, las células madre inducidas representan un grupo por separado, ya que se producen en un frasco sin intervención de una madre sustituta. La transferencia del núcleo y la reprogramación han cambiado nuestra manera de entender la célula adulta, razón por la que los doctores Gurdon y Yamanaka fueron galardonados con el Premio Nobel de Fisiología y Medicina en 2012. Pero, aunque la posibilidad de producir células madre directamente a partir de material donado por el propio paciente implica un gran avance en la medicina regenerativa, todavía hay que superar algunas barreras; las veremos en la segunda mitad del libro.

Antes de pasar al uso que se hace de las células madre en investigación, en el próximo capítulo seguiremos su destino en la edad adulta y en el envejecimiento.

CAPÍTULO 3

Combinar la diferenciación con la división

La finalidad de la vida

El científico inglés Richard Dawkins causó un cierto revuelo con la publicación de su primer libro, titulado *El gen egoísta* (1976), en el cual rechazaba la voluntad de las personas. En él, el doctor Dawkins ofrecía una visión radicalmente diferente del comportamiento humano, proponiendo que no solo el color del pelo o la talla de una persona, sino también sus acciones, ideas y hasta sentimientos son productos genéticos. En otra obra posterior, *El fenotipo extendido*, explicaba que el cariño que sienten los animales hacia su familia es simplemente una consecuencia de los genes que comparten; los familiares más directos reciben más afecto porque comparten los genes más similares. Como era de esperar, el doctor Dawkins recibió muchas felicitaciones por la novedad de sus pensamientos, pero también duras críticas por lo chocante de sus aportaciones.

Mientras que las críticas provenían fundamentalmente de los círculos religiosos y del campo de la etología —campo al cual pertenecía el propio autor—, científicos de la biología y la genética generalmente podían ver el fundamento de la verdad en sus hipótesis. Una idea que ilustran muy bien los libros de Richard Dawkins es que el material genético define la vida. Los cromosomas, además de determinar las características de sus portadores, son las únicas moléculas perpetuas en los seres vivos, capaces de generar copias de sí mismos y pasarlas de una generación a otra. Otras moléculas —por ejemplo, las proteínas y los lípidos de las membranas— son, en cambio, "de usar y tirar" y simplemente se degradan cuando han sufrido algún daño o han perdido su utilidad. Pese al metabolismo de otros tipos de moléculas, una célula intentará conservar sus cromosomas mientras siga viva, hasta el punto de reparar los posibles daños que se generen en ellos. Las únicas excepciones son los glóbulos rojos y las plaquetas, que pierden el núcleo en los mamíferos —los glóbulos rojos de otros animales conservan todo su material genético— y tienen una vida útil muy limitada.

Se puede concluir que el doctor Dawkins tenía razón cuando llamaba egoístas a los genes, aunque el egoísmo describe igual de bien a los cromosomas en su totalidad. Al final, el cuerpo simplemente sirve de vehículo para transmitir estas moléculas egoístas a sus descendientes de la manera más fiable. En el caso de los humanos, al igual que en muchos otros animales, la evolución en busca de la transmisión fiable de los cromosomas ha dado lugar a órganos especializados y células que se diferencian.

¿Por qué hace falta la diferenciación?

Hace poco más de una década se ha dado por completado el proyecto para determinar la secuencia del ADN humano. Aunque quedan algunas regiones cromosómicas que se resisten a revelar sus secretos —como, por ejemplo, los centrómeros—, parece que la situación e información genética contenidas en la mayoría de los genes de los 46 cromosomas han sido elucidadas.

Una sorpresa que se llevó la comunidad científica durante el proyecto —las secuencias parciales ya habían sido publicadas a lo largo de varios años— fue el número de genes que tiene el genoma humano: alrededor de 20.000. Por supuesto, este número no dice mucho si no lo comparamos con el de otros organismos. Quizá puedan parecernos muchos, pero no es diferente a la riqueza genética de otros mamíferos. Aunque los cromosomas de los animales complejos tienen un tamaño varias veces superior al de los cromosomas de insectos y gusanos, tan solo albergan entre un 25 y un 30% más de genes. ¡En algunos organismos unicelulares podemos encontrar hasta la mitad de los genes identificados hasta ahora en los humanos, en un genoma casi mil veces más pequeño!

Durante mucho tiempo nos hemos preguntado por qué habían crecido tanto los cromosomas en los mamíferos. Grandes partes de la secuencia humana no parecen codificar proteínas y se las ha llamado "ADN basura". Un proyecto que se ha llevado a cabo recientemente, llamado ENCODE, y que solo ha sido posible al tener la secuencia humana casi completa, al final ha podido adscribir un papel regulador a estas regiones "sin sentido" en los cromosomas. Entonces, la complejidad de los mamíferos en comparación con otros animales se produce en gran medida por la manera en que se controlan —podemos decir que se encienden y apagan— los genes.

Aunque tengamos el doble de genes que muchos organismos unicelulares, la gran mayoría de ellos están inactivos en un determinado tejido o tipo celular. Normalmente, son alrededor de 5.000 los que tienen un grado de actividad detectable en un tipo celular, en un conjunto que se llama el patrón de expresión. El número de genes activos en un tipo celular es más pequeño que el número total de genes en los organismos unicelulares, pero estos también suprimen la actividad de los genes que no necesitan en un momento determinado. Parece que existe un límite en la complejidad que puede alcanzar el patrón de expresión en una sola célula. Dado que la expresión de un gen normalmente se traduce en la producción de la proteína correspondiente, un proceso que requiere energía y mantiene ocupados a los ribosomas, limitar el número de genes activos previene que se agoten recursos valiosos. En vez de intentar superar estos límites acumulando más recursos —aumentar el tamaño hace más frágil a la célula—, este problema se ha solucionado mediante la colaboración y distribución de tareas.

En la historia de la humanidad, los individuos empezaron a aprender una profesión cuando la sociedad se fue volviendo más compleja. ¡La humanidad experimenta su propia evolución! En un proceso comparable, la diferenciación de las células con un patrón de expresión hace posible que se generen centenares de tejidos diferentes en el cuerpo. Pero, antes de poder ejercer una profesión, los humanos normalmente tienen que aprender una multitud de habilidades. Ser conductor de autobús no solo requiere girar el volante y cambiar las marchas; también implica la venta de billetes y vigilar el horario. De la misma manera, la información necesaria para dirigir un determinado programa celular muchas veces requiere una combinación de genes. Por ejemplo, las células del intestino no solo producen las enzimas necesarias para digerir los alimentos, sino que también transportan las moléculas digeridas desde el lumen del intestino hasta los vasos sanguíneos, mediante una combinación de endocitosis y exocitosis. Además, las células del intestino deben "saber" dónde se encuentra el lumen del tracto digestivo, y dónde los vasos sanguíneos, para que las enzimas y los alimentos lleguen al sitio adecuado. No sirve producir enzimas digestivas que lleguen a la sangre con la exocitosis, ya que podrían incluso dañar el propio cuerpo. Para poder hacer su trabajo, las células tienen que mantener su propio metabolismo, ya que la producción de enzimas y su transporte requieren energía. También estas funciones básicas, comparables con habilidades como leer y contar en la sociedad, están codificadas en y dirigidas por los genes. La función de estos genes, que en inglés se llaman los *genes del hogar*, es tan básica que no ha cambiado en millones de años y son reconocibles en bacterias, levaduras y animales complejos. Por su función, los genes del hogar siempre están activos, mostrando que mantenerse con vida ya es un requisito que contribuye a la complejidad.

En conclusión, la mayoría de los procesos que mantienen el cuerpo requieren la cooperación de varios miles de proteínas distintas para funcionar bien, con un nivel de complejidad que fácilmente supera a una pequeña metrópolis. ¡Resulta que una simple célula en realidad no es tan simple! Sin embargo, para generar un órgano o un cuerpo entero hace falta más, y los 5.000 genes en el patrón de expresión ya no dan abasto. Para que nuestra sociedad moderna funcione, también hace falta una diversidad de profesiones, y un solo individuo no puede aprenderlas todas. Igual que la colaboración entre humanos con distintas habilidades, las células necesitan especializarse para distribuir las tareas: ¡no hay otro remedio!

Diferenciar y dividir a la vez

En el capítulo anterior hemos visto que las células madre tienen un alto ritmo de replicación y que las *células somáticas* especializadas pierden esta capacidad. El límite impuesto por la expresión génica es un punto clave para entender este fenómeno. Aunque los cromosomas sean las moléculas que mandan, al final son las proteínas codificadas en cada gen las que hacen el trabajo. Para que la célula pueda replicarse tiene que producir las proteínas que dirigen el crecimiento —esencialmente engordar el citoplasma—, las proteínas que se encargan de la duplicación de los cromosomas y las que controlan la división en dos células hijas. La expresión de cualquiera de estas proteínas depende de su gen correspondiente. Entonces, ¡la replicación de una célula requiere la expresión de genes específicos y por sí misma ya supone un grado de especialización!

El esfuerzo que supone duplicarse es tal que se organiza en fases individuales y el conjunto de fases se llama ciclo celular. Aunque las células dedicadas a la replicación tienen un patrón de expresión específico, la sucesión de fases tiene lugar demasiado rápido para que los genes puedan responder. Por lo tanto, el control del ciclo celular está en manos de las proteínas.

Los huevos de rana que ya se usaron en los tiempos del doctor Gurdon para la transferencia de núcleos seguían teniendo interés tres décadas más tarde. Las divisiones en el cigoto empiezan normalmente con la fertilización, un fenómeno que puede ser simulado por un pulso eléctrico en gran cantidad de huevos a la vez. El doctor Tim Hunt aprovechó este comportamiento para estudiar el ciclo celular, en particular, la aparición y desaparición de las proteínas a lo largo del tiempo. Con unos métodos químicos de separación que en el siglo XXI nos podrían parecer arcaicos, esencialmente tamaño y carga, el doctor Hunt identificó las proteínas responsables de controlar la sucesión de fases en el ciclo celular. Parando con sustancias químicas el progreso del ciclo en puntos determinados, pudo determinar qué proteínas dirigían cada transición. El método puede parecer complicado, pero en esa época todavía no se podía consultar la secuencia del genoma humano a través de Internet... Las técnicas para manejar el ADN no eran mucho más sofisticadas, y para identificar los genes que producen estas proteínas (las ciclinas) se han necesitado otros cinco años. Los trabajos que finalmente han aclarado la regulación del ciclo celular han tardado casi una década, pero han ilustrado un fenómeno tan esencial para la vida que fueron premiados con el Premio Nobel en el año 2001.

La autorrenovación, importante para mantener un número adecuado de células madre, depende de la replicación y la división, y por lo tanto se asocia con la expresión de genes dedicados a estos dos procesos. En contraste con ella, la producción de células especializadas para el mantenimiento de los órganos requiere un patrón de expresión dirigido a la diferenciación, lo que suprime el crecimiento celular. Las células madre tienen una vida mucho más complicada que las células somáticas, ¡deben sostener y separar dos patrones de expresión opuestos!

La pregunta de cómo se pueden compartir estas dos características ha mantenido ocupados a los científicos desde principios del siglo XX, con sus estudios del desarrollo animal. Observando las mitosis del embrión con un simple microscopio, se puede apreciar que algunas células no se dividen por la mitad como aprendemos en las clases de biología, sino que secuestran una gran parte del citoplasma en la célula madre. Los cromosomas se segregan de forma aparentemente normal, pero la célula hija siempre se queda más pequeña. Debido a la falta de herramientas no ha sido posible encontrar una respuesta, pero el primer auge de las células madre en los años setenta reavivó el interés por descifrar este asunto. Igual que los rayos X en los años cuarenta y los cultivos estériles en los cincuenta, medio siglo de avances tecnológicos ha aportado los métodos para encontrar la respuesta. En los años ochenta se produjeron avances decisivos en las técnicas para aislar, clonar y secuenciar fragmentos de ADN. Estas técnicas han permitido la identificación del gen responsable de una mutación llamada *numb* (palabra inglesa que significa "entumecido") en la mosca del vinagre. Esta mutación deja a la mosca entumecida porque un grupo de neuronas que requieren una división asimétrica —es decir, desigual— se quedan en la estacada.

Por otra parte, la disponibilidad de anticuerpos específicos, unos años más tarde, ha permitido seguir la proteína correspondiente entre las miles de proteínas expresadas en una célula de la larva. ¡El anticuerpo permite destacar una única proteína de interés, lo que para los investigadores significa una experiencia comparable a la de encontrar a un viejo amigo en una ciudad llena de extranjeros! Marcando la proteína *numb* de manera fluorescente se ha podido ver que se acumula en un extremo de la célula madre precursora —una sola célula en la mosca del vinagre—, antes de la segregación final que produce las neuronas sensoriales. Por lo tanto, las proteínas también realizan un duro trabajo en la división asimétrica y la decisión de cuál de las hijas se va a diferenciar y cuál va a hacer la autorrenovación se toma antes de separarlas. La situación de las neuronas sensoriales en la mosca del vinagre es relativamente evidente, ya que una sola célula madre toma la decisión de cómo dividirse. Además, es un proceso vinculado al desarrollo de la larva, y la sensación no se recupera cuando la mosca adulta pierda la neurona. Para dar abasto en la renovación de los órganos del cuerpo humano normalmente hacen falta muchas células madre. Aunque los números varían, los expertos estiman que entre el 0,1 y el 0,01% de todas las células se dedican a tareas de sustento.

Allí donde las células colaboran es imprescindible otro nivel de organización y los biólogos han buscado durante años las vías de comunicación entre las células para interpretar los patrones de organización. En contraste con el lenguaje humano, que consta de palabras y frases, la manera de comunicarse entre las células es abstracta. ¡Las células no saben leer ni escribir! La comunicación entre ellas —o, en su caso, entre cigoto y madre— empieza ya en las fases tempranas de la gestación del embrión, con el fin de controlar la implantación en el útero. (En los capítulos 5 y 6 veremos cómo se puede usar la comunicación para manejar mejor las células madre en el laboratorio.) En determinados momentos del desarrollo embrionario, algunas células maestras generan una señal soluble que se difunde por el tejido. Esta señal forma un gradiente que determina la intensidad de la respuesta en las células receptoras, para que las células al principio del gradiente respondan antes que las células distantes. Por ejemplo, el canal que formará la médula espinal se cierra desde la cabeza hacia atrás en el desarrollo embrionario. Por lo tanto, es relevante dónde se encuentra una célula, y su orientación con respecto a otras puede determinar su destino final.

Ya muy pronto en el desarrollo del cigoto, la diferencia entre interior y exterior marca la diferenciación hacia masa interna o hacia trofoblasto. La ubicación de cada célula dentro del tejido sigue siendo importante en el adulto y muchos órganos tienen que discriminar entre interior y exterior para funcionar. Sin esta polaridad no podríamos respirar, ingerir alimentos, sudar u orinar. Dentro de cada tejido, las células madre se sitúan en lugares protegidos, ya que podemos perder células somáticas que no se replican, pero necesitamos una reserva de células madre para el mantenimiento a largo plazo.

Un ejemplo elegante de la ubicación es el comportamiento de las células madre en el intestino delgado, cuyos primeros indicios datan de los años cuarenta. Ya que la invención de tinciones inmunológicas con anticuerpos vio la luz una década más tarde, los métodos para marcar mostraban algún aspecto funcional de las células. Entonces, un grupo de investigadores de la Universidad McGill, en Montreal, decidieron inyectar fosfato radiactivo en ratas para seguir la incorporación de este elemento. El fosfato radiactivo no solo se acumulaba en los huesos, como era de esperar, sino que también lo hacía en un grupo de células del sistema linfático —relacionado con la médula ósea— y en el intestino. Las células marcadas en el intestino tenían una ubicación particular, justo a mitad de la altura de las vellosidades. Después de mostrar que el fosfato radiactivo se había incorporado en los cromosomas, los investigadores concluyeron que hay una población de células en el intestino que crece activamente para mantener las vellosidades. En la actualidad se pueden generar anticuerpos contra casi cualquier proteína de interés, produciéndola a través del gen recombinante y buscando la secuencia en una base de datos. El patrón de expresión asociado con las células madre es suficiente para producir anticuerpos que permitan detectar estas células en cultivos, en animales de experimentación o en muestras de pacientes. Así, la combinación de genes y anticuerpos se ha convertido en una herramienta esencial para la biología moderna. Cuando un determinado tipo de células destaca por la presencia de una proteína que no existe en otros sitios, es decir, que tienen una proteína característica, esto se puede utilizar para identificar estas células.

El crecimiento rápido tiene, por supuesto, sus propios requisitos; por ejemplo, para replicar los cromosomas y engordar el citoplasma. Aunque la actividad de estos genes del hogar con un papel en la replicación tiene correlación con las células madre —son células que se dividen activamente—, carecen de especificidad: todas las células que crecen rápido necesitan la actividad de estos genes. Además de los genes del hogar, una serie de genes tienen mucha actividad en las células madre sin que se refleje en una función estructural evidente.

Figura 4

Células madre en las criptas del intestino. Las células en la cuarta posición desde la base producen las células que se mueven hacia la punta de la vellosidad después de una amplificación intermedia. Existe otra población de células madre en la base profunda que produce las células Paneth, especializadas en la defensa antimicrobiana. En el caso de que una de las dos poblaciones de células madre sufra algún daño, las de la otra población pueden migrar unas posiciones para reparar las pérdidas. Las células dibujadas con el núcleo oscuro ya habían sido identificadas en los años cuarenta.

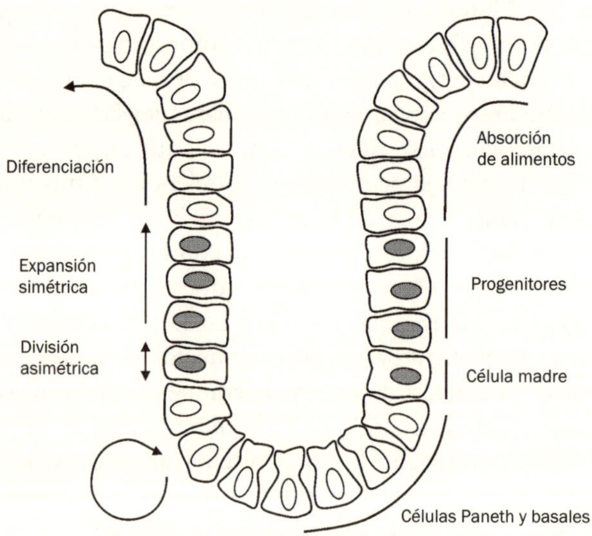

En nuestra vida cotidiana ocurre lo mismo; resulta normal ver a alguien con gafas de sol en pleno verano, ya que estas tienen una función clara, pero sí que puede llamarnos la atención un pendiente de oro en forma de pitufo. Igual que la etiqueta de los productos en una tienda, los genes *marcadores* y sus proteínas correspondientes destacan por su singularidad y ayudan a identificar un tipo celular. Generando anticuerpos contra una proteína llamada Bmi-1, un marcador específico para células madre, se ha demostrado que están alojadas en la parte alta de las criptas en el intestino. Este lugar está más protegido que las vellosidades donde se absorben los alimentos y permite un movimiento lateral de las dos poblaciones diferenciadas, las células de Paneth en el fondo de las criptas y las células caliciformes en la punta de las vellosidades. Las zonas del intestino identificadas ya en los años cuarenta han resultado ser la cuna de las células del intestino.

En las criptas del intestino, las células madre siguen su ritmo de crecimiento sin comunicación aparente. Pero, en vez de llenar el intestino con células madre, las células alejadas de la base cambian a un modo de divisiones asimétricas y empiezan con la diferenciación. Resulta que un simple cambio de ubicación con respeto al soporte —una capa de células estructurales— determina si se impone un patrón de expresión diferente. En consecuencia, la parte alejada de las criptas hacia el lumen del intestino se llena con células diferenciadas y formará las vellosidades. Así, podemos decir que las partes altas de las criptas actúan como pequeñas fábricas de células, y las células que han sido empujadas hacia los laterales se especializan según su ubicación. Estructuras que parecen tan complejas que nos hacen pensar en un diseño intencionado con un alto grado de comunicación pueden surgir espontáneamente por efectos de la autoorganización.

Comunicarse durante toda la vida

En un ser vivo complejo sigue siendo importante que los órganos se comuniquen entre ellos para adaptarse a las necesidades del cuerpo y al medio ambiente durante toda su existencia. Entonces, la comunicación no solo sirve para ubicar las células en una posición adecuada y controlar la diferenciación durante el desarrollo, sino también para manejar su actividad en los órganos adultos. La hormona insulina, por ejemplo, permite responder a la ingestión de azúcar y guardarla en forma de polisacáridos y grasas en el interior de las células después de cada comida que tomamos. La función mensajera de las hormonas es tan importante en los mamíferos, que tiene su propio campo de investigación, la endocrinología, y ha sido galardonada en más de una ocasión con un Premio Nobel. Un momento memorable fue el Premio Nobel de 1977, concedido a los doctores Roger Guillemin, Andrew Schally y Rosalyn Yalow. Estos investigadores pusieron de manifiesto que existían hormonas con una composición diferente a las hormonas sexuales clásicas —estrógenos y andrógenos se basan en lípidos como el colesterol—, específicamente, las hormonas peptídicas. En contraste con los estrógenos, cuya síntesis depende de una serie de enzimas, las hormonas peptídicas son pequeñas proteínas codificadas por sus genes correspondientes. La identificación de las hormonas peptídicas en el año 1977, en una época en la que clonar fragmentos de ADN no era una técnica muy fiable, supuso un impulso muy importante para la búsqueda y aislamiento de otras proteínas pequeñas con la misma función. Al principio, la manera de atacar este problema se parecía a los métodos que había empleado el doctor Hunt con las ciclinas, separando proteínas de la sangre u otros órganos en fracciones, pero poco a poco se ha impuesto una identificación basada en los genes responsables y no en las propias hormonas. ¡Trabajar con ADN siempre resulta más fácil que manejar proteínas en el laboratorio! Con los datos generados por el *Proyecto Genoma Humano*, una simple búsqueda por ordenador nos permite identificar centenares de pequeñas hormonas peptídicas, entre ellas la insulina, y ordenarlas en familias con funciones similares para posteriormente probar su actividad e incluso producirlas en el laboratorio.

Un buen ejemplo de comunicación son las células madre del intestino, las cuales cambian de comportamiento por las instrucciones que la glándula tiroidea manda “a distancia”: la reducción de la cantidad de comida que pueden ingerir los ratones en el laboratorio da lugar a la producción de hormonas tiroides, las cuales promueven el crecimiento de las células madre en el intestino y su posterior conversión en progenitoras. La sensibilidad para las hormonas tiroides del intestino se produce justo antes del parto, cuando el intestino, de repente, se adapta a la ingestión de la leche materna y otros alimentos. En el útero, el intestino se comporta como un pasajero, intenta no molestar, y las células madre forman un grupo pequeño poco activo. La necesidad de ingerir alimentos convierte al intestino en protagonista, y las células madre migran a su sitio típico en los laterales de las vellosidades para generar desde allí las células necesarias para producir enzimas digestivas, transportar alimentos y proteger al intestino contra las invasiones patógenas.

La dependencia de la hormona tiroidea ha quedado evidente en ratones que carecen del receptor correspondiente. Estos ratones tienen un desarrollo normal en el embarazo, pero mueren pocos días después del parto porque no pueden aprovechar los alimentos. Entonces, aunque los ratones que carecen de estos receptores sí que pueden desarrollarse, les falta la capacidad para llegar a la homeostasis después del parto, por no responder a la acción de las hormonas adecuadas.

Un trabajo difícil

El cuerpo, inevitablemente, pasa por momentos críticos en alguna etapa de la vida, por ejemplo cuando se daña en un órgano. Las heridas de la piel son bastante comunes, pero también el intestino puede sufrir abrasiones por ingerir bacterias patógenas con la comida, y de vez en cuando también sufren los órganos internos por una enfermedad sistémica como la gripe. Estos traumas se añaden al desgaste normal al que están sometidas las diferentes partes del cuerpo y suponen un desequilibrio de la homeostasis.

La comunicación entre el tejido y las células madre que este alberga desempeña lógicamente un papel central para reestablecer la homeostasis después de los daños. Un tejido dañado genera multitud de señales para incitar al sistema inmune —con sus propias células madre— a combatir una posible invasión de patógenos y para aumentar la replicación de células madre y reponer las células perdidas. Por lo tanto, el cuerpo no solo espera de las células madre que estas combinen su replicación con la diferenciación, sino que también les pide que hagan su labor "escuchando" las necesidades de los órganos y que se adapten de manera adecuada.

Las células madre tienen que adaptarse a las necesidades del órgano donde residen, y estas necesidades pueden ser muy variadas. Algunos órganos se desgastan rápidamente y de manera constante, pero otros —por ejemplo, el sistema inmune— requieren un crecimiento brusco entre periodos de tranquilidad relativa. En todos estos casos, el cuerpo pide a las células madre que mantengan un equilibrio entre autorrenovación y diferenciación. Esto no solo implica que haya diferencias considerables entre las células madre de los distintos órganos, sino que también pueden producirse errores de coordinación con el tejido alrededor. Dado que las células madre tienen una combinación de tareas, en contraste con la función unidireccional de las células somáticas, es comprensible que algunas veces se produzcan problemas, por lo que no debería sorprendernos que las propias células madre muestren signos de agotamiento y que se puedan producir varias condiciones patológicas relacionadas. En el próximo capítulo explicaré cómo intentan posponer su agotamiento y cuáles son las consecuencias de depender de las células madre para un cuerpo de edad avanzada.

CAPÍTULO 4

Células madre y envejecimiento

Las consecuencias de envejecer

Vivimos en una sociedad donde la edad promedio de la población aumenta paulatinamente. Comparada con hace unos siglos, la esperanza de vida casi se ha duplicado, e incluso vivimos más tiempo que la generación anterior. Las razones para nuestra larga vida —aunque a algunos todavía les pueda parecer corta— las encontramos en las mejoras de la medicina y de la salud en general. Algo tan simple como el agua potable que tenemos hoy en día evita un gran número de enfermedades contagiosas. Otra parte de las infecciones fortuitas pueden ser prevenidas con vacunas o tratadas con antibióticos. La medicina ha podido encontrar compuestos para combatir muchos de los gérmenes ajenos, una vez que se identificaron sus puntos débiles, pero la situación es muy diferente para las enfermedades que tienen su origen dentro del propio cuerpo. En contraste con las infecciones por gérmenes, parece que cada año hay más casos de cáncer y de enfermedades degenerativas como el alzhéimer y el párkinson. ¿Es verdad que está subiendo la incidencia de este tipo de enfermedades? Y ¿cómo se explica?

Los síntomas externos del envejecimiento son muy visibles; las canas, las arrugas en la piel y la pérdida general de vigor. Pero el envejecimiento también deja su huella en el interior del cuerpo, casi ninguna parte escapa a sus efectos. En los capítulos anteriores hemos visto que las células madre siguen activas en el cuerpo adulto, con el objetivo de reemplazar las células desgastadas. Entonces, si disponemos de células madre para rejuvenecer los tejidos, ¿por qué envejecemos? En este capítulo podremos ver la relación entre las células madre, la replicación de los cromosomas y las enfermedades relacionadas con estos dos factores.

El papel de los cromosomas

En el capítulo anterior expliqué que algunos científicos consideran que el cuerpo es un vehículo para transmitir los cromosomas a la próxima generación. Se puede discrepar de la opinión del doctor Dawkins cuando se trata de explicar el comportamiento humano por los genes, pero no se puede negar la importancia de la reproducción de una especie. Pasar los cromosomas es tan crucial que una población de células madre se dedica exclusivamente a generar las gónadas. Los oocitos, las células más importantes en el ciclo reproductivo de los mamíferos, se forman pronto en el desarrollo para limitar el número de divisiones celulares y reducir así la posibilidad de adquirir mutaciones. Así, el cuerpo acorta la vía de diferenciación para formar los oocitos y los deja en reposo hasta que se presente la posibilidad de reproducirse. ¡Un acto altamente egoísta por parte de los cromosomas! Entre los oocitos formados ya en el embrión, una pequeña fracción madurará en cada ciclo menstrual —de uno en uno en los humanos— para que duren toda la vida reproductiva. Cuando la doctora española María Blasco generaba ratones con un defecto en la estabilidad cromosómica, mediante una mutación que veremos más adelante, tenía que esperar seis generaciones para observar las consecuencias generalizadas, simplemente por el grado de conservación de los cromosomas en las gónadas. El cuidado con que se tratan los cromosomas en las gónadas no significa que se descuiden en el resto del cuerpo, sino que su función cambia en favor de la supervivencia del individuo en lugar de la especie. En algunos casos, los cromosomas pierden su comportamiento egoísta para que las células puedan hacer mejor su trabajo; un ejemplo extremo son los glóbulos rojos de los mamíferos, que eliminan su núcleo en los últimos pasos de la diferenciación. La mayoría de los tejidos, no obstante, necesita reponer células nucleadas, una función que comprende divisiones de las células madre y, por lo tanto, la replicación de los cromosomas.

El primer reto que afrontan las células madre es la replicación de todo el material genético que llevan dentro. Aparte de mostrar que los humanos no tienen un número de genes muy diferente al de los demás mamíferos, el Proyecto Genoma Humano ha puesto de manifiesto cuánta información albergan nuestros cromosomas. El ADN de todos los seres vivos de nuestro planeta usa el mismo código de 4 letras, las bases *adenina*, *citosina*, *guanina* y *timidina*. Para el desarrollo de organismos más complejos hacen falta más letras, alrededor de 6.000 millones en el caso del cuerpo humano. Ya que tenemos dos copias de cada cromosoma, la cantidad de bases en realidad es el doble. ¡Es una cantidad tan grande que cuesta imaginársela! Para dar una idea muy global: los escritores más prolíficos de nuestra época necesitarían entre 20 y 30 vidas para llegar a escribir el mismo número de letras.

No solo es una cantidad enorme de información genética para duplicar, sino que además la copia se hace base por base, de forma similar a las copias de los monjes en la antigüedad. Si un tejido necesita renovar sus células una vez al día, apenas quedan ocho horas para copiar los cromosomas. El resto del tiempo se necesita para engordar el citoplasma y preparar bien la mitosis. Afortunadamente, la célula dispone de muchos "escritores" para realizar la copia de la información genética. Los cromosomas reclutan miles de unidades de la enzima —la *ADN polimerasa*—, que sintetiza una copia nueva usando la antigua como modelo. Cada unidad trabaja de forma autónoma, ayudando así a acabar la síntesis de los nuevos cromosomas a tiempo. Un problema de este trabajo individual es que el control de los posibles errores de escritura resulta complicado, y ya no se pueden corregir cuando el ciclo celular ha pasado a la siguiente fase. ¡También los monjes cometían algún error cuando copiaban los textos antiguos, y el error se volvía a copiar cuando los libros llegaban a otro monasterio! Al final, la inmensa cantidad de bases en los cromosomas hace casi imposible que se puedan copiar sin errores.

A lo largo de la vida, los cromosomas van acumulando pequeños cambios, que se llaman mutaciones puntuales. Aunque estas mutaciones constituyan una fracción diminuta de la secuencia total, pueden dar lugar a cambios en el comportamiento de las células. Si se produce una mutación en un gen esencial, como en un exón que persiste en el ARN mensajero, esto puede originar un cambio de un aminoácido de la proteína correspondiente. Aunque las sustituciones de aminoácidos pueden inactivar la proteína final o reducir su eficacia, la célula cuenta con una copia correcta del gen en el otro cromosoma y la proteína correspondiente sigue realizando su función. A veces, sin embargo, mutaciones fortuitas dan lugar a la activación de una proteína, con un efecto directo sobre la fisiología celular. Si esas mutaciones tienen un efecto dominante, es imposible compensarlo con la copia del otro cromosoma. Por ejemplo, una mutación activadora en una de las ciclinas que promueve el ciclo celular puede inducir la replicación acelerada. Si en el laboratorio tratamos de introducir genes con mutaciones activadoras en las células, generalmente observamos una parada súbita de la proliferación. Parece que las células reconocen que se aceleran demasiado y responden quedándose en un estado vegetativo. Ni la aceleración del crecimiento ni este estado vegetativo son beneficiosos para el organismo, razón por la cual se intentan prevenir. La mejor manera para evitar la acumulación de mutaciones, que pueden paralizar o activar la proteína final, es suprimir la replicación de los cromosomas. Por supuesto que esta replicación es necesaria para que se produzcan células nuevas y se mantenga la homeostasis de los tejidos, pero las células madre disponen de mecanismos para mantenerse jóvenes y hablaremos de su importancia en los próximos párrafos.

Cada división supone un peligro

Cuando todo el ADN se ha duplicado, se distribuye entre las células hijas en la mitosis. La mitosis puede ser asimétrica para dedicar una célula a la autorrenovación y la otra a la diferenciación, pero la información genética se divide de manera uniforme, entregando dos cromosomas de cada uno a cada célula hija. La segregación equivocada de un solo cromosoma supone añadir o restar centenares (en el caso del cromosoma más pequeño) o miles (en el caso del más grande) de genes. Si sobran o faltan genes, esto influye directamente en el programa de diferenciación. La célula, normalmente, ya tiene bastante trabajo con controlar a los 5.000 genes activos, y este equilibro se rompe fácilmente por las actividades de genes inesperados. El efecto de un número erróneo de un cromosoma pequeño se puede tolerar —por ejemplo, en personas con síndrome de Down—, pero cambios numéricos en los cromosomas grandes normalmente desequilibran tanto a la célula que provocan su muerte.

Aunque un número erróneo de cromosomas, un fenómeno llamado *aneuploidía*, ya fue observado a principios del siglo XX por el doctor Boveri, la comunidad científica ha tardado décadas en entender por qué es tan complicada una segregación equilibrada. ¡Para el cerebro humano no supone un esfuerzo extraordinario contar hasta 92! Pero como sabemos que una célula no puede contar, esto nos da una mejor idea de la complejidad. Segregar los cromosomas se puede comparar con ordenar en pares 92 canicas que solo se distinguen por sus 46 colores, pero sin mirar. Afortunadamente, la célula no tiene que contar, y el carácter egoísta de los cromosomas resulta ser una propiedad beneficiosa, ya que cada uno de ellos controla su propio destino en la mitosis. El síndrome de Down muestra que, verdaderamente, las células no saben contar: aunque hay 47 cromosomas en las personas con síndrome de Down, las células no expulsan a ninguno —no podrían elegir— y siguen con el mismo número durante toda su vida. Mantener un número de cromosomas estable es tan importante que los cromosomas contienen una región dedicada específicamente a esta función. Ya en el año 1904 el doctor Boveri describió el segmento de los cromosomas donde se une el huso mitótico, y lo llamó *centrómero* porque a menudo se encuentra en una región central. En vez de contar cada centrómero, los cromosomas se comunican entre ellos para decirle a la célula cuándo debe tirar del huso mitótico. Entonces, no hay un cerebro central, pero la responsabilidad se reparte entre todos los centrómeros.

Al principio de la mitosis, los polos del huso mitótico proyectan túbulos para buscar a los cromosomas. Cuando empieza la mitosis no hay contacto entre el huso mitótico y los cinetocoros, ya que los cromosomas están en el núcleo, y los túbulos, en el citoplasma. Cuando se rompe la membrana nuclear, el huso busca a los cromosomas y forma túbulos nuevos. En este momento, los centrómeros se han cubierto ya con proteínas que proporcionan el punto de contacto con el huso mitótico. El conjunto de proteínas que cubre el centrómero se llama cinetocoro y su función es similar a la del muelle donde atracan los barcos. A mitad de los años noventa, el grupo del doctor Andrew Murray, de la Universidad de Harvard, descubrió el mecanismo que asegura que cada cinetocoro contacte con el huso mitótico. Cada pareja de cromosomas sigue junta después de su duplicación, unida por proteínas en forma de anillo. En este momento, cada copia se llama *cromátida.* Antes de conectar con el huso mitótico, el par de cromátidas flota libremente por la célula. Cada cinetocoro, uno en cada cromátida, percibe este estadio libre y lo traduce en una señal que inhibe la separación de los cromosomas en toda la célula. Así, cada cinetocoro tiene un voto que puede vetar la fase de segregación. Solo cuando los dos cinetocoros se acoplan a túbulos de polos opuestos, la fuerza entre los polos genera una tensión. Esto separa ligeramente los cinetocoros de cada cromátida, lo que indica que se ha producido el acoplamiento y hace enmudecer a las proteínas de control en este par de cromátidas. Si solamente una de todas las cromátidas de una célula sigue sin acoplar, la señal que previene de seguir adelante con la segregación persiste y los polos continúan formando túbulos para intentar captar todos los centrómeros. La señal solo desaparece cuando todos los centrómeros perciben la tensión del huso mitótico, y entonces los anillos que unen las cromátidas se degradan. Finalmente, la degradación de los anillos libera a los cromosomas y permite su separación.

Al igual que en una asamblea donde cada persona tiene un voto, no siempre es fácil escuchar a todos los centrómeros. A veces la división sigue adelante a pesar de tener cromosomas sin conectar con el huso mitótico. Entonces, los cromosomas son pasajeros durante la mitosis, y la célula quiere seguir adelante para que los genes vuelvan a producir proteínas. Cuando la señal de un solo centrómero mal acoplado no llega a tiempo para retrasar la mitosis, la segregación continúa aunque se vaya a producir un error. Al finalizar la división con un error del huso mitótico, una de las células hijas contendrá 45 cromosomas y la otra 47, y ambas sufrirán las consecuencias de la aneuploidía.

En la evolución de los cromosomas de los mamíferos, el número de genes y su complejidad ha ganado mucha importancia. No solo ha crecido el tamaño de los cromosomas para acomodar a todos estos genes, sino también el de la región dedicada a la segregación en la mitosis. La fuerza necesaria para mover los cromosomas de los mamíferos es enorme si la comparamos con las levaduras. Los cromosomas se compactan para ayudar, pero como esta acción suprime la actividad de los genes y la producción de proteínas, no puede durar indefinidamente. La duplicación de los cromosomas tarda unas ocho horas, pero su segregación y la separación de las células hijas se realizan en tan solo una hora. ¡La célula tiene realmente prisa por acabar con la mitosis! En los mamíferos, para segregar los cromosomas con rapidez, se utilizan centenares de túbulos que conectan con los centrómeros y tiran de ellos. La consecuencia de estos centrómeros grandes, y de un huso mitótico con muchos túbulos, es que se complica aún más su control, hasta el punto de que los errores ocasionales sean inevitables.

FIGURA 5

La inestabilidad cromosómica da lugar al envejecimiento. Radiografías que comparan un ratón mutante (arriba) con un control normal (abajo). El ratón mutante, que padece una inestabilidad cromosómica aumentada, muestra una cifosis excesiva (curvatura exagerada de la espina dorsal) a las 24 semanas de edad. Aunque la inestabilidad cromosómica produzca cifosis en este modelo, los orígenes de una espalda curvada pueden ser muchos otros. Imagen reproducida de Muhan Chen *et al.*: *BMC Cancer* (2011) 11, 199, bajo licencia Creative Commons 2.0.

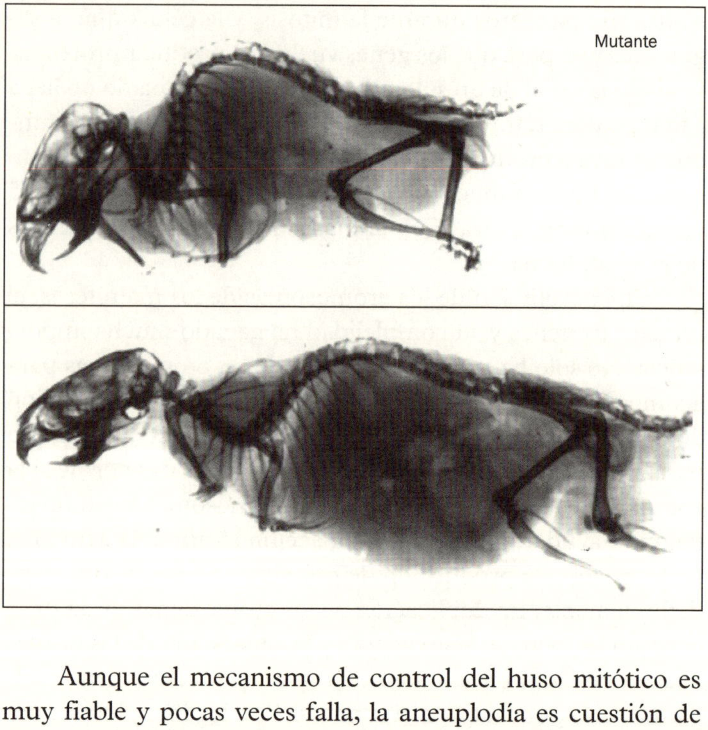

Aunque el mecanismo de control del huso mitótico es muy fiable y pocas veces falla, la aneuplodía es cuestión de tiempo. A lo largo de la vida son necesarias miles de millones de divisiones para mantener la homeostasis, y algunas de ellas pueden producir errores de manera aleatoria. Sin embargo, los errores de segregación tienen un impacto mucho mayor que las mutaciones puntuales, ya que comprenden cromosomas enteros y la expresión de miles de genes. En las poco frecuentes ocasiones en las que se producen divisiones erróneas, la muerte programada —la palabra científica es *apoptosis*— intenta eliminar a estas células aneuploides. Una consecuencia directa de la apoptosis en las células aneuploides es una pérdida de células madre, simplemente porque pasan por muchas divisiones. La proporción de células madre normalmente supera la demanda en un cuerpo joven, donde el número de divisiones es bajo y pocas células han muerto por apoptosis. Cuando los tejidos envejecen, las células madre no solo han sufrido ya muchas replicaciones, sino que también una parte de ellas han muerto. Cuando el cuerpo se hace mayor, este menor número de células madre, todas con una historia previa de divisiones, tiene que hacer el mismo trabajo de mantenimiento. ¡El peligro necesario de la replicación tiene entonces un doble impacto en el envejecimiento!

El papel de los centrómeros en la segregación de los cromosomas ha sido estudiado en detalle y se han identificado media docena de proteínas que controlan el cinetocoro a lo largo de los últimos 20 años. Pero la relación de los centrómeros con el envejecimiento ha sido un hallazgo más reciente. A los biólogos nos gusta eliminar por completo los genes que estudiamos, porque esto normalmente da lugar a resultados contundentes y ayuda a sacar conclusiones claras. Sin embargo, la función de los centrómeros es tan importante, que la mutación de los genes asociados es incompatible con la vida y causa la muerte del embrión durante el embarazo. ¡El efecto es tan contundente que resulta imposible estudiarlo! Al final, la única forma de hacerlo ha sido utilizando un modelo del cual los científicos huyen normalmente: ratones que carecen de una copia del gen pero que tienen la otra copia operativa, y por tanto son heterocigotos. En los primeros años del siglo XXI, el grupo del doctor Jan van Deursen ha demostrado que una reducción a la mitad de los genes que controlan los centrómeros ya tiene un efecto. Dado que normalmente las dos copias están activas, la ausencia de la mitad se llama haploinsuficiencia. En los ratones haploinsuficientes para una de las proteínas centroméricas, en particular la proteína BubR1, la segregación errónea de los cromosomas provoca un desgaste de las células madre y el envejecimiento acelerado. También en los humanos, síndromes hereditarios pueden provocar progeria por mecanismos similares.

Contar para conservar

En los párrafos anteriores hemos visto que la duplicación de los cromosomas es necesaria para generar células que mantengan los tejidos, pero conlleva el riesgo de cometer errores. Ni siquiera los mecanismos para detectar cambios en los cromosomas pueden asegurar una replicación y segregación perfecta al cien por cien. El aumento del tamaño de los cromosomas, que permite tener 20.000 genes, parece ser al mismo tiempo su talón de Aquiles. Por falta de controles directos, la única solución es limitar los procesos que pueden producir alteraciones genéticas de antemano, en concreto, el crecimiento celular. Veremos a continuación cómo han conseguido las células madre convertir un problema biológico en una virtud para poner freno —casi literalmente— a la acumulación de errores en los cromosomas.

El problema biológico de los cromosomas son sus extremos, los cuales constituyen un problema especial en la replicación. La ADN polimerasa necesita fijarse a la propia cadena de ADN antes de poder incorporar bases nuevas. Entonces, la producción de la copia solo puede proceder en una dirección, y se pierden entre 100 y 200 pares de bases en cada replicación. Esta teoría se conoce como el *end replication problem*, o el problema de replicación de los extremos de los cromosomas, y existe en todos los seres vivos con cromosomas lineales, desde las levaduras hasta los mamíferos.

Parece inevitable que vayamos perdiendo los extremos de los cromosomas poco a poco, en un proceso que se parece a la erosión de una roca. Para evitar la erosión de los cromosomas, los extremos están protegidos con una estructura especializada llamada *telómero*. En vez de usar el propio cromosoma, una enzima especializada —la *telomerasa*— ensambla un andamio de ARN para extender el extremo de la cadena de ADN y contrarrestar el acortamiento. En los humanos, y en otros mamíferos, la telomerasa siempre añade una misma secuencia que contiene 6 bases (TTAGGG) y viene determinada por una molécula de ARN asociada. El andamio se puede deslizar posteriormente hacia el final de la cadena de ADN, y así se pueden añadir otras 6 bases más. La cadena de ADN extendida por la telomerasa se dobla en una estructura, que parece un imperdible, y cuya función es proteger el extremo del cromosoma.

Un acortamiento excesivo de los telómeros pone la protección de los extremos de los cromosomas en peligro, porque desaparece la capacidad para formar el imperdible. Por esta razón, los telómeros dan la orden de frenar el ciclo celular antes de que pierdan su integridad. Esta orden induce un estado que se llama *senescencia*, que no compromete la vitalidad de la célula —en contraste con la apoptosis— pero previene divisiones adicionales.

A finales del siglo XX, la doctora María Blasco generó ratones que carecen de todo el andamio de ARN, y sin el cual no funciona la telomerasa. Por su papel en la protección de los cromosomas era evidente que los ratones mutantes iban a sufrir problemas de salud comparables a los de los ratones en los que no funcionan bien los centrómeros. Fue sorprendente el tiempo que resistieron los mutantes de la telomerasa antes de sufrir alteraciones. En contraste con los ratones en los que fallaban los centrómeros, al principio ninguno de los ratones sin telomerasa tenía problemas de salud. Los primeros defectos genéticos se manifestaron en la cuarta generación y los problemas de salud finalmente se hicieron generales en la sexta generación sin telomerasa. Entonces, el tamaño de los telómeros en los ratones es suficiente para que aguanten un acortamiento gradual —sin ninguna actividad de la telomerasa— durante varias generaciones. ¡Funciona bien el modo conservador de propagar los cromosomas en los mamíferos, apartando pronto las células que formarán las gónadas! Cuando aparecieron los problemas de salud en los mutantes, otra vez recapitulaban los efectos del envejecimiento. Los ratones con telómeros muy cortos tienen una piel poco resistente a las heridas, una reducción del crecimiento de pelo y una incidencia alta de enfermedades cardiovasculares.

Figura 6

El acortamiento del telómero en el ciclo celular. El extremo de cada cromosoma no puede ser replicado por la ADN polimerasa y, por lo tanto, tiene una estructura que se mantiene con la ayuda de la telomerasa. Esta enzima alarga una sola cadena de ADN, la cual sobresale y vuelve a unirse con el cromosoma para formar una especie de imperdible. Aunque la telomerasa puede alargar la cadena que sobresale, su actividad normalmente está limitada y el imperdible se acorta gradualmente. Cuando el telómero se acorta hasta un tamaño mínimo, su estructura cambia y empieza a enviar señales a la célula para que pare su crecimiento.

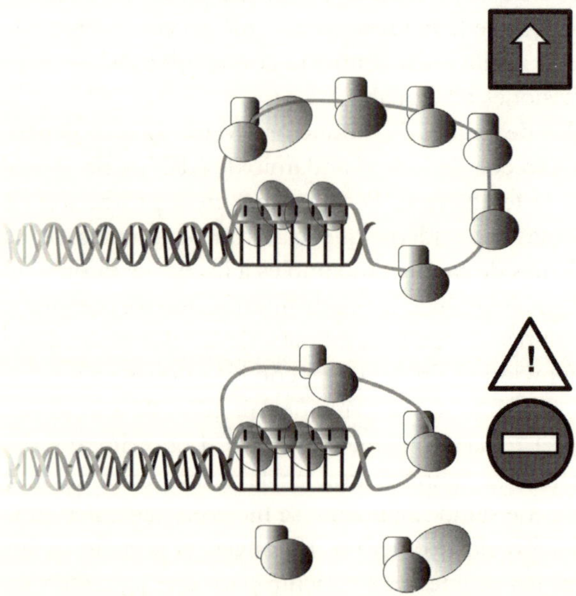

La ausencia de telomerasa tiene un impacto especialmente pronunciado en los órganos que necesitan una renovación rápida, como la piel y el intestino. Teniendo en cuenta que la erosión de los extremos de los cromosomas está relacionada con la replicación del ADN, es lógico que los telómeros se acorten antes si una célula crece más rápido. Afortunadamente, la telomerasa que evita el acortamiento está más activa en las células que más la necesitan. Si comparamos con las células diferenciadas, las células madre en un determinado órgano tienen una actividad telomerasa alta y los telómeros más largos. Entonces, la telomerasa forma parte del programa de genes activados en las células madre. Antes de conocer marcadores específicos, como por ejemplo la proteína Bmi1 que identifica a las células madre en el intestino, los anticuerpos contra la telomerasa servían para identificar a las células madre de manera habitual.

Aunque la actividad de la telomerasa sea más alta en las células madre que en las células somáticas, los telómeros se van acortando poco a poco a lo largo de nuestra vida. Se desconoce la razón por la que las células restringen la actividad de la telomerasa —las células HeLa muestran que hay otra posibilidad—, pero puede ser que al frenar el crecimiento eviten errores en la duplicación de los cromosomas. Algunos científicos han propuesto que los telómeros tienen el papel de poner un límite al número de duplicaciones. Sin embargo, las células no saben contar en números discretos, como hacen los seres humanos, y solo pueden estimar las divisiones de manera indirecta. Con el acortamiento de los telómeros y las señales que estos envían, los cromosomas disponen de un mecanismo para limitar el número de replicaciones y prevenir la acumulación de mutaciones y la aneuploidía. Si el ritmo de replicación de las células supera la elongación de los extremos por la telomerasa, el acortamiento paulatino frenará el ciclo celular o producirá la senescencia. No es cuestión de tener o no tener telómeros, con la actividad de la telomerasa se puede ajustar la capacidad de replicación de las células madre, teniendo en cuenta su necesidad para renovar el tejido y el riesgo de mutaciones.

Hacer el mínimo esfuerzo

Si el acortamiento de los telómeros marca el momento en que se suprime el ciclo celular, las divisiones obligatorias implican que las células madre, tarde o temprano, dejarán de proliferar. Pero, afortunadamente, las investigaciones del intestino y el sistema inmune han demostrado que las células madre tienen otro truco más para escapar de las replicaciones numerosas. En vez de producir directamente células totalmente especializadas, dan lugar a una población con un grado de diferenciación intermedio. Las células de la población intermedia, que se llaman progenitoras, mantienen una parte de la capacidad para replicarse, pero generalmente no realizan divisiones asimétricas. Esto significa que tienen una dedicación total a la generación de células especializadas y han perdido la capacidad de autorrenovación. ¡Ya que dejan el trabajo de proliferar a las progenitoras, podemos decir que las células madre se adhieren a la ley del mínimo esfuerzo para realizar su labor!

FIGURA 7

Las progenitoras ayudan a ampliar el número de células. Para prevenir el número de replicaciones de las células madre, estas producen frecuentemente una población de células con características intermedias, llamadas células progenitoras. Aunque las progenitoras ya tienen una dedicación total a la diferenciación, no han llegado todavía a ese extremo y mantienen una parte de la capacidad proliferativa. Después de un número limitado de divisiones, todas las progenitoras acaban la diferenciación y se convierten en células especializadas.

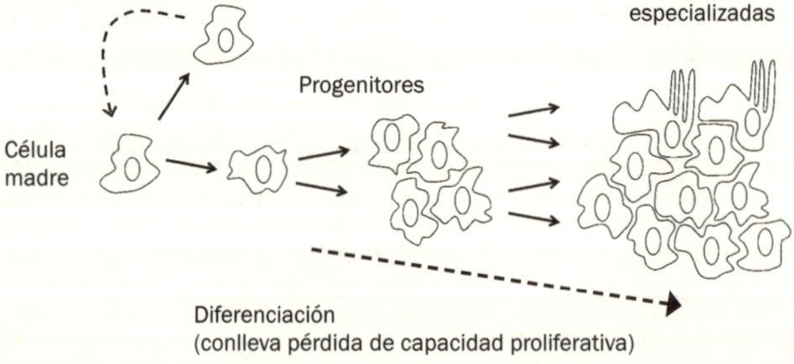

Aunque las células progenitoras se encargan de amplificar el número de células diferenciadas, las propias células madre se dividen por obligación para producir nuevas progenitoras. Una consecuencia lógica es que el acortamiento de los telómeros debería ser más notable donde las células tienen un ritmo de proliferación más rápido en relación con el desgaste del órgano. Aunque se amortigüe, ni siquiera una población intermedia de progenitoras puede parar del todo la necesidad de replicar los cromosomas y segregarlos por parte de las células madre. Correspondientemente, pruebas que miden el tamaño de los telómeros muestran un acortamiento significativo en función de la edad en la piel y el sistema inmune, pero no en el cerebro, donde el ritmo de renovación es bajo. ¡Una erosión progresiva resulta ser inevitable!

¿Y qué pasa cuando envejecemos?

Los medios de comunicación suelen relacionar las células madre con enfermedades neurodegenerativas, como el alzhéimer o el párkinson. Este tipo de noticias pueden dar la impresión de que las células madre tienen la culpa de provocar las enfermedades de edad avanzada. En contraste con esta impresión, son las células diferenciadas las que realizan los trabajos especializados de un órgano, y es la pérdida de estas células somáticas la que provoca una disminución de funcionalidad. Es comparable a la jubilación simultánea de todos los trabajadores especializados de una empresa. En algunos casos, la pérdida de células madre produce efectos muy curiosos, por ejemplo, en el pelo. Cada pelo se produce en su propio folículo, por una combinación de células diferentes que se llaman melanocitos y keratinocitos. Con el paso del tiempo, las células madre que forman los melanocitos se agotan, mucho antes de que se acaben los keratinocitos. No se trata de un problema solo de senescencia o apoptosis; las células madre mayores "deciden" diferenciarse a melanocitos especializados, con una vida limitada y sin crecimiento. Ya que los melanocitos producen el pigmento más importante del pelo, la pérdida de estas células provoca que se pierda el color normal, y aparece el fondo gris. Así, la pérdida de un tipo específico de células madre en un folículo determinado hace que crezca una cana.

La razón por la que se desgastan las células depende de cada tipo de tejido. En la piel, millones de células se mueren y se sueltan por la mecánica del órgano, un hecho que consideramos completamente natural. En realidad, las células diferenciadas de la piel ya se han muerto antes de llegar a las capas más exteriores. Precisamente por la reducción del contenido de agua en cada célula, que provoca su muerte, se convierten en una barrera densa y difícil de penetrar. Para los tejidos donde el desgaste esperado es menor, las necesidades de células madre son más bajas. Por lo tanto, la proporción de células madre es muy baja en tejidos altamente diferenciados. El cerebro es uno de los órganos con mayor grado de especialización, con muy pocas células madre remanentes después de su desarrollo. En las enfermedades neurodegenerativas, la coagulación de proteínas desnaturalizadas —un fenómeno parecido a cocer un huevo— produce la apoptosis de las neuronas diferenciadas. En este sentido, el cerebro no es diferente a cualquier otro órgano, donde las células especializadas se desgastan y necesitan ser reemplazadas. El aspecto especial del cerebro es su baja capacidad de regeneración. Mientras que la piel se recupera de una herida en cuestión de días, un trauma cerebral suele dejar rastro de por vida. Por lo tanto, las células madre no son las que provocan las enfermedades degenerativas del cerebro, sino su falta. Si los trabajadores más veteranos se jubilan sin haber enseñado sus habilidades a los jóvenes, la empresa deja de funcionar. El cerebro es un órgano que requiere la colaboración de distintos tipos de neuronas. Algunas de ellas son muy especializadas, como por ejemplo la secreción de moléculas de señalización como la serotonina. Aunque son muy importantes, estas neuronas no tienen el respaldo de una población grande de células madre, ya que continúan funcionando durante décadas si no se produce una patología fuera de lo normal. El que a una edad avanzada se pierdan finalmente provoca los síntomas de una enfermedad neurodegenerativa si no hay células madre que puedan regenerar estas neuronas altamente especializadas.

Aunque hay bastantes células madre, estas tampoco tienen una capacidad ilimitada de generar progenitoras para su diferenciación posterior. Al final, las amenazas a la integridad de los cromosomas se solucionan con una parada de la replicación, lo que induce senescencia o apoptosis. El aumento de la diferenciación, al igual que los melanocitos de las canas, también contribuye al envejecimiento. Aunque no sabemos exactamente por qué se produce, cambios sutiles en la actividad de los genes favorecen la diferenciación terminal a costa de la autorrenovación. El efecto de todos estos fenómenos es igual: las células madre se retiran poco a poco de la población productiva. Ensayos con los marcadores típicos han mostrado que se produce una reducción de la proporción de células madre con la edad. Aunque un desgaste rápido provoca que un tejido se vuelva más dependiente de las células madre, y que la pérdida de estas últimas tenga un efecto mayor, cada órgano recibe su cupo durante el desarrollo. Órganos como la piel y el intestino reciben una proporción relativamente mayor, y el cerebro o el páncreas tienen que trabajar con un número más reducido. El envejecimiento es una consecuencia directa de estos números ajustados. En el cuerpo envejecido, un número menor de células madre deben hacer la misma labor de mantenimiento, pero ya han pasado por muchos ciclos de duplicación. En un determinado momento, la capacidad proliferativa y el número total de las células madre llegan a un punto donde ya no es posible rejuvenecer los tejidos, y el cuerpo deja de funcionar.

Cambios hormonales

Cuando se pierden células madre de un órgano a una edad avanzada, la función de este órgano generalmente se ve comprometida. Pero, de todas formas, el órgano intentará seguir haciendo su labor y mantener la homeostasis. ¡La edad es otra noción humana que las células desconocen! Por lo tanto, la dependencia de la renovación continúa siendo la misma, aunque haya menos células madre para realizarla. Esencialmente, hay una diferencia entre la oferta y la demanda, lo que supone más tensión para las células madre en comparación con lo que ocurre en un cuerpo joven. Aunque un acortamiento de los telómeros normalmente suprime el crecimiento, ya que indica un número elevado de divisiones y la posibilidad de haber acumulado alteraciones genéticas, la demanda por parte de los órganos sigue incitando a las células madre a dividirse.

Normalmente, las alteraciones en los cromosomas producen senescencia o apoptosis, pero parece que si estas señales de crecimiento en respuesta a un posible peligro son bastante intensas, se puede aplazar esta respuesta. Para hacer crecer células aisladas fuera del cuerpo, los investigadores aprovechan esta capacidad de responder a los estímulos hormonales. Normalmente, las células dejan de proliferar cuando están en un frasco, aunque tengan los aminoácidos y azúcares necesarios para sobrevivir. Por esta razón, los científicos añaden una pequeña proporción de suero sanguíneo —proveniente del sacrificio de terneras— al medio de cultivos. Los órganos del cuerpo se perfunden constantemente con sangre y parte de las señales de crecimiento pueden llegar de esta forma, por ejemplo, con la hormona tiroidea. Es probable que el propio tejido pueda producir señales para estimular a las células madre. Cuando se produce una herida, la necesidad de reponer células se localiza en un sitio determinado. Las mismas señales que reclutan células del sistema inmune para defender la herida contra posibles invasiones son un buen candidato para inducir la reparación. Hasta ahora, seguimos sin conocer el papel que desempeñan las hormonas en la estimulación de las células madre de edad avanzada. Los niveles de algunas hormonas con una función activadora bajan con la edad, lo que hace pensar que la actividad de las células madre se reduce. Por otra parte, la edad avanzada se suele caracterizar por el estado parcialmente inflamado de varios órganos, lo que puede motivar a las células madre para que, al menos, intenten continuar su labor.

Células madre y cáncer

Las células cancerígenas aisladas de tumores, como por ejemplo las HeLa que vimos en el segundo capítulo, siguen creciendo en los frascos del laboratorio sin que aparenten perder vitalidad. Otras células aisladas, por ejemplo las progenitoras con un estado de diferenciación intermedio, pueden crecer en un frasco durante un tiempo limitado, siempre y cuando reciban estimulación con las hormonas adecuadas, pero tarde o temprano entran en un estado de senescencia. Por lo tanto, solo las células tumorales y las células madre comparten una capacidad aparentemente ilimitada para proliferar.

Por esta razón, varios grupos han investigado la relación entre las células madre y el cáncer. Una cuestión importante para los biólogos es por qué las células madre —de vez en cuando— pueden originar tumores. Hay una correlación evidente entre la frecuencia de tumores nuevos y la edad. Esta observación ha dado lugar a una pregunta clave: si el número de células madre se reduce con la edad, ¿cómo puede aumentar la posibilidad de cáncer?

En los ratones mutantes generados por el doctor Van Deursen, que tienen problemas para segregar correctamente los cromosomas, el envejecimiento prematuro se combina con una alta incidencia de tumores. También en algunas enfermedades hereditarias humanas, afortunadamente no muy frecuentes, el equilibrio entre la estabilidad cromosómica y la replicación de las células madre se ve en peligro. Aparte de los síndromes de segregación de cromosomas, existen defectos en la reparación del ADN, entre otros, el síndrome de Werner y el síndrome de Bloom, que producen una acumulación de roturas en los cromosomas. Aunque los daños pequeños son inevitables en condiciones normales, en estos síndromes su acumulación ocurre a una velocidad más alta de lo normal.

Los pacientes no solo envejecen a una velocidad más alta, sino que también presentan un riesgo más elevado de padecer cáncer. Parece, entonces, que los daños en los cromosomas tienen un papel fundamental en la carcinogénesis y que hay una estrecha relación con el envejecimiento.

Si recordamos el pequeño riesgo que supone cada replicación, es fácil entender que la necesidad de reponer células en el tejido provoca una acumulación de alteraciones genéticas a lo largo de los años. Aparentemente, los controles de los que disponen las células madre para averiguar o estimar mutaciones no son perfectos y, a veces, alguna célula alterada escapa a la detección. Uno de los mecanismos para eliminar células alteradas, la apoptosis, provoca la muerte celular en respuesta a una variedad de problemas. La apoptosis, sin embargo, no es un arma que se pueda aplicar frívolamente, ya que supone la muerte celular y, en el caso de las células madre, la pérdida de la capacidad para rejuvenecer el órgano. Por lo tanto, a las células madre les cuesta mucho tomar la decisión de entrar en apoptosis: ¡aunque detecten un problema en un momento dado, puede que el cuerpo necesite su descendencia en el futuro! En los experimentos en el laboratorio, la baja inclinación de las células madre para entrar en apoptosis se traduce en una alta resistencia a los químicos genotóxicos. Por ejemplo, una pequeña dosis de radiación puede inducir apoptosis en un cultivo de células normales, pero permite la supervivencia de células madre.

Dado que ninguno de los mecanismos para prevenir cambios genéticos o detectar sus consecuencias es perfecto, la probabilidad de acumular células con un potencial cancerígeno aumenta con la edad. Ya por causas completamente naturales, nuestros órganos envejecen. En algunos casos, un trauma adicional puede acelerar este proceso: pensemos cómo se queda la piel después de una exposición exagerada al sol. Las exposiciones a radiaciones o a productos químicos con un efecto envejecedor —aunque transitorio— exigen una replicación rápida de las células mientras ponen la integridad de los cromosomas en peligro. No debe sorprendernos que el riesgo de padecer tumores a una edad avanzada guarde una estrecha relación con los peligros a los que hemos expuesto el cuerpo durante toda la vida anterior. En conclusión, entre las pocas células madre que quedan cuando envejece el cuerpo, también encontraremos algunas con una acumulación de cambios genéticos. Posiblemente, las señales enviadas desde el tejido hagan que algunas de estas células eviten la senescencia, en un intento de compensar la pérdida de células "compañeras" y mantener la homeostasis. Con la replicación de cromosomas alterados, en células con una capacidad proliferativa alta, ya se produce el primer paso en dirección al cáncer.

Varios grupos de investigación se han preguntado si la similitud entre cáncer y células madre se refleja en patrones de expresión génica similares. En otras palabras, si el crecimiento de las células madre y del cáncer tiene el mismo origen, este hecho se debería reflejar en la activación de genes y en la producción de proteínas relacionadas con este fenómeno. Esta relación es tan obvia, que se puede considerar una función para los genes del hogar. Entonces, descubrir similitudes en genes marcadores sin relación con el crecimiento es un hallazgo mucho más significativo. Cuando aparecieron los primeros marcadores para las células madre en publicaciones científicas, los oncólogos ya estaban muy interesados en estudiar su presencia en el cáncer. De esta manera, los anticuerpos generados para identificar células madre normales han soportado la teoría de las células madre del cáncer. La proteína Bmi-1 y la telomerasa también se han encontrado en tumores gástricos, y una combinación de marcadores ha demostrado la presencia de células madre en muchos tipos de cáncer. Además, si existe un marcador para identificar las células madre de un determinado tejido, muchas veces sirve también para teñir el cáncer del mismo origen. Estas observaciones han dejado claro que, aparte de los órganos sanos, el crecimiento del cáncer también se sostiene en las células madre.

Figura 8

El marcador de células madre CD44 en cáncer. Una detección con anticuerpos contra la proteína CD44 identifica las células de un tumor gástrico (a la izquierda). El crecimiento en placas Petri (derecha) es más rápido si el tumor tiene CD44 (a la derecha). En cada placa, las células individuales forman colonias, que indican el grado de diferenciación del tumor. Los tumores de la primera fila son positivos para CD44, y los de la segunda fila, negativos. Imágenes reproducidas de Jung Yeon Kim *et al.*: *Cancer Res Treat* (2009), 41,1, y de Ping Wang *et al.*: *PLOS One* (2013), 8,3, bajo licencia Creative Commons 3.0.

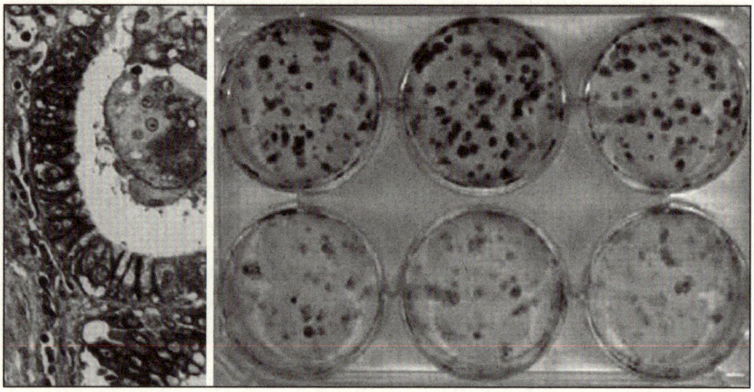

Sabiendo que hay un grupo de células madre en los carcinomas se explica por qué se parecen al tejido de origen; las rutas de diferenciación continúan activas en una parte de las células y dan lugar a secciones de tejido que se parecen al órgano original.

El grado de diferenciación de un tumor, que indica si se parece al tejido original o si se ha desviado mucho, es un indicador importante para establecer su nivel de malignidad. Generalmente, los tumores con un alto contenido de células especializadas como el tejido normal albergan células madre que todavía se adhieren parcialmente a la distribución entre autorrenovación y diferenciación. La prognosis para tratar con éxito estos tumores es mucho mejor que en los tumores sin células diferenciadas. Aunque procedan de otra disciplina, los marcadores de células madre empiezan a tener aplicaciones en clínica, para el diagnóstico de tumores y para decidir cuáles son los mejores protocolos para su tratamiento.

No solo durante el diagnóstico, sino también en el tratamiento de algunos tumores, la medicina puede aprovechar algunas propiedades de las células madre. En el cáncer, el equilibrio entre autorrenovación y diferenciación se ha desplazado hacia la primera de las dos características. Un reajuste de este equilibrio a favor de la diferenciación podría frenar la replicación de las células y el crecimiento del tumor. Si es posible desplazar este equilibrio completamente hacia la diferenciación, las células madre tumorales posiblemente pierdan su capacidad para la autorrenovación.

La terapia de diferenciación ya se está aplicando en algunos tipos de cáncer en clínica. La médula ósea, que produce las células de la sangre y del sistema inmune, ya había sido estudiada en detalle una década antes de que se describieran las células madre de otros órganos. En este órgano, las células madre, las progenitoras —hay múltiples estadios intermedios de diferenciación— y la variedad de células finales son relativamente fáciles de caracterizar. Cada estadio del sistema inmune tiene sus propios marcadores, muy bien caracterizados por los inmunólogos, muchos de los cuales producen proteínas en la superficie de la célula. Si un marcador se detecta en la superficie, añadir un anticuerpo puede indicar el estadio de diferenciación sin que sea necesario pretratar y abrir —y, como consecuencia, matar— a las células. Además, las células de la médula ósea se dejan separar cómodamente en una suspensión, en contraste con las células de los órganos sólidos. Estas dos características permiten el análisis de las células de la médula ósea por citometría de flujo, en un aparato que pasa las células una por una en gotas pequeñas y detecta los anticuerpos que han sido acoplados en su superficie.

Conocer los marcadores del sistema inmune y de las hormonas responsables de la diferenciación ha permitido que se hayan generado terapias para algunos tipos de leucemia. Las vitaminas A y D son reguladores esenciales para la diferenciación de los linfocitos mieloides inmaduros, y sus derivados tienen una aplicación diaria en el tratamiento de leucemias de este tipo celular. El efecto de estas vitaminas parece ser un envejecimiento del cáncer, por agotamiento de las células madre tumorales. ¡Altas dosis de estas vitaminas en el embarazo pueden dañar el feto por el mismo efecto teratógeno, ya que aceleran más de la cuenta el desarrollo y producen un desfase entre los distintos órganos!

FIGURA 9

Citometría de flujo. El citómetro cuenta y ordena cada célula según la intensidad de los marcadores. Cada punto representa una sola célula. La población de la izquierda solo expresa cantidades considerables del marcador 1 en la superficie, pero a población de la derecha produce cantidades importantes de los marcadores 1 y 2. Las dos poblaciones, en este caso linfocitos de ratón, tienen diferentes estados de diferenciación.

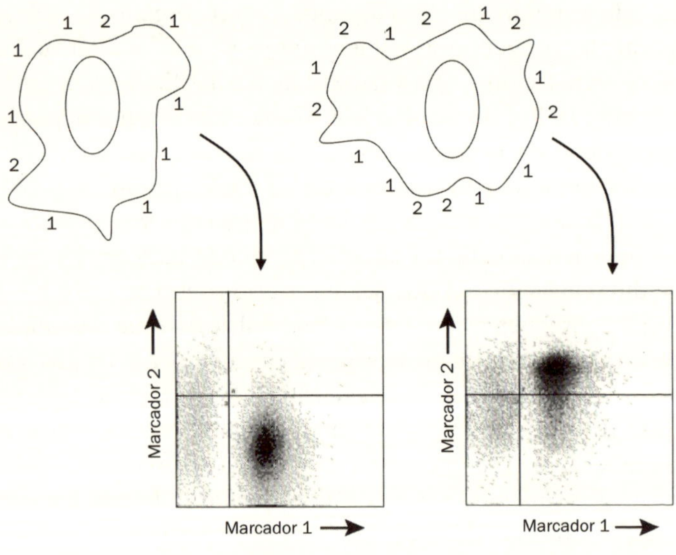

El conocimiento de las hormonas que controlan las células madre tiene otra aplicación en diferentes tumores. De la misma manera que la hormona tiroidea promueve la proliferación de las células madre en el intestino, las hormonas sexuales —estrógenos y andrógenos— dirigen el crecimiento de los tejidos asociados con la reproducción. En contraste con los linfocitos, las hormonas sexuales dirigen a las células madre hacia la proliferación en órganos como la próstata y la mama. En este caso, el tratamiento de los tumores asociados puede comprender la aplicación de compuestos, a veces llamados antihormona, que supriman la actividad de estas hormonas. Aunque los tratamientos con antihormonas normalmente no eliminan el tumor, pueden ayudar a reducir su tamaño antes de una posible cirugía o prevenir durante un tiempo su crecimiento.

Una última característica de las células madre que puede ayudar a combatir el cáncer es el acortamiento de los telómeros. Una comparación de los telómeros ha demostrado que tienen mayor tamaño en las células madre que en las células somáticas. Se trata de una observación lógica si tenemos en cuenta que el papel de las células madre implica una sucesión de replicaciones, las cuales dependen de la actividad de la telomerasa para mantener los extremos de los cromosomas. A principios del siglo XXI, la combinación de anticuerpos y técnicas de ADN ha permitido relacionar la actividad de la telomerasa y el tamaño de los telómeros. Los resultados han mostrado la relación esperada en células madre normales, con bastante actividad de la telomerasa y telómeros relativamente largos. Ya que el crecimiento de los tumores depende de un grupo de células madre, la previsión era encontrar la misma relación en el cáncer. Sorprendentemente, muchos tumores tenían telómeros cortos, aunque la actividad telomerasa fuera más alta de lo normal. Parece que muchos tumores crecen tan rápido que los telómeros se erosionan hasta un tamaño crítico. Aunque el cáncer intente compensarlo, ni siquiera el aumento de la actividad telomerasa puede sostener ese ritmo de crecimiento.

El tamaño crítico de los telómeros y la necesidad de telomerasa ha abierto la posibilidad de frenar el crecimiento de tumores. Con este fin, varios grupos de investigación están buscando métodos o compuestos capaces de inactivar la telomerasa. Por supuesto, la supresión de la actividad de la telomerasa tiene el efecto de acortar también los telómeros de las células madre sanas, necesarias para mantener los órganos. Estos compuestos para suprimir el crecimiento de tumores solo tendrán éxito si se pueden administrar en una dosis que actúe sobre las células madre cancerígenas sin afectar demasiado al resto del cuerpo.

CAPÍTULO 5

Células madre en el laboratorio

Los pasos iniciales

En la historia de las células madre, su primera aplicación clínica se ha adelantado a su caracterización en el laboratorio. Los trasplantes de médula ósea llevan, sin que se supiese en su momento, un alto contenido de células madre, que se encargan de la repoblación del sistema inmune del receptor. Normalmente, los descubrimientos se producen en el laboratorio antes de que se conviertan en una herramienta médica. ¡Antes de poder usar una herramienta hace falta estudiarla y domarla!

La mayoría de las manipulaciones con células madre todavía ocurren en el laboratorio, aparte de las transferencias directas de órganos más o menos completos. Estos últimos dependen, por supuesto, de las células madre presentes ya en el trasplante para mantener su función en el receptor. En este sentido, no se distinguen de cualquier órgano no trasplantado. Antes de poder realizar aplicaciones más complejas de manera rutinaria, queda un largo camino de aprendizaje en el laboratorio, y este es el tema del presente capítulo.

Clonar animales

Las células madre recibieron por primera vez la atención mundial en los medios de comunicación cuando la oveja Dolly fue presentada a la prensa en el año 1997. Aunque el impacto de Dolly en la sociedad pueda considerarse revolucionario, clonar un mamífero fue una extensión de los experimentos que se habían realizado ya en los años cincuenta. El aspecto especial de Dolly fue la combinación de un oocito, del cual se había eliminado el material genético, con un núcleo de una célula de la mama de otra oveja. Aunque los oocitos de mamíferos son más delicados, la técnica había sido probada ya con huevos de ranas medio siglo antes, entre otros, por el doctor Gurdon. Inyectando núcleos de células del cuerpo de renacuajos albinos en oocitos de ranas normales, el doctor Gurdon pudo producir docenas de ranas albinas, que normalmente no existen en la naturaleza. Su experimento demostró que todas las células del cuerpo disponen de la misma información genética. Afortunadamente, eligió trabajar con ranas, un modelo que se parece bastante a los mamíferos. Los cromosomas en algunos animales más simples adultos, como por ejemplo la lamprea, están sujetos a la eliminación de una quinta parte de su ADN. Solo los espermatocitos y oocitos de estos animales adultos conservan todo el material genético para transmitirlo a la próxima generación. Y, aunque esto pueda parecer otro acto egoísta de los cromosomas, de esta forma se facilita la labor de replicarlos en cada división. El efecto final, no obstante, es que los núcleos de las células somáticas probablemente rechacen la reprogramación. ¡El experimento del doctor Gurdon probablemente habría fallado y el interés en las células madre se podría haber perdido!

La reproducción de este experimento de anfibios en mamíferos no solo ha tardado varias décadas por la diferencia de tamaño de los oocitos de ambos grupos, sino también por su número. Las ranas y otros anfibios producen centenares de huevos en cada ciclo reproductivo, pero las ovejas normalmente solo tienen una o dos crías en cada embarazo.

Un tratamiento con hormonas en ovejas puede aumentar el número de oocitos producidos en una ovulación hasta una docena, pero la reprogramación del núcleo solo tiene éxito en una de cada treinta transferencias. Debido a estas dificultades técnicas han pasado varias décadas entre el hallazgo de doctor Gurdon y la aplicación práctica.

Para conseguir una reprogramación del núcleo del cual nació Dolly, hicieron falta docenas de intentos, y docenas de oocitos. La presentación de Dolly, sin embargo, desencadenó durante un tiempo la manía de clonar otras especies, casi todas ellas de mamíferos. En su apogeo, a principios del siglo XXI, se intentó varias veces introducir núcleos de una especie extinguida en oocitos de una especie viva relacionada. Con el objetivo de "desextinguir" el bucardo, se inyectaron una serie de núcleos que se habían obtenido en el año 1999 de una biopsia del último ejemplar, y que se conservaban en nitrógeno líquido, en oocitos de cabras domésticas cuatro años después. Un tratamiento con hormonas produjo más de 400 oocitos y 57 de ellos se implantaron en cabras montesas. Aunque el consorcio de laboratorios españoles e internacionales hizo varios intentos, solo se completó un embarazo, y la hembra recién nacida murió a los pocos minutos. En teoría, la transferencia había funcionado, ya que el feto se había desarrollado, pero la temprana muerte sugiere una falta de colaboración entre el núcleo y el oocito.

El núcleo no es la única parte de la célula con material genético; las mitocondrias tienen su propio cromosoma y se transmiten al embrión en los oocitos de la madre. Si existe una incompatibilidad genética entre el núcleo y la mitocondria, la célula no produce bastante energía y el individuo fallece. La muerte unos minutos después del parto podría indicar que una falta de energía produjo una insuficiencia orgánica que pasó desapercibida hasta que desapareció la protección maternal. Aunque algunos laboratorios siguen buscando la manera de optimizar la transferencia de núcleos para gastar menos oocitos, la complejidad de la técnica ha disminuido su apreciación por parte de la comunidad científica. Además, la clonación siempre produce individuos del mismo sexo que el donante del núcleo, lo que no es de gran ayuda para una posterior reproducción por vías naturales.

Debido a estas barreras técnicas, y a la pregunta de si la humanidad debe interferir en la extinción de especies, la mayoría de los científicos albergan dudas sobre la transferencia de núcleos con fines de conservación.

El cultivo de células de fuera del cuerpo todavía no era una práctica rutinaria en los tiempos del doctor Gurdon, en contraste con los laboratorios modernos. Entonces, sacar núcleos de renacuajos para su inyección en oocitos era un compromiso viable. Tampoco hay muchas alternativas para especies (casi) extinguidas, pero la investigación se realiza sobre todo con células derivadas de humanos o ratones. Estas últimas ya pueden ser mantenidas en el laboratorio de manera rutinaria, razón por la cual se han impuesto otros métodos para derivar y estudiar las células madre.

Aprovechar células en un frasco

En los primeros capítulos hemos visto que la manipulación de células de vertebrados experimentó su primer auge en los años cincuenta. Antes de la Segunda Guerra Mundial ya era posible estudiar las células de los mamíferos, pero solo en forma de tumores que necesitaban ser trasplantados a un nuevo anfitrión antes de causar problemas de salud. ¡Esencialmente, los propios animales de experimentación hacían el trabajo de la placa Petri! Un experimento con estas células no solo provocaba una respuesta en el tumor, sino que también —y a veces de manera opuesta— en los órganos sanos. Por lo tanto, resultaba difícil interpretar los resultados, y algunos experimentos simplemente eran imposibles porque ocasionaban la muerte del animal. Cultivar células en un frasco, sin la intervención de otros órganos del cuerpo, ha hecho posible una variedad de manipulaciones complicadas y extremas, por ejemplo, con compuestos químicos tóxicos, patógenos o radiación. Tan solo en las últimas dos décadas se ha producido una vuelta a los animales de experimentación para investigar los efectos de enfermedades en todo el cuerpo y la interacción entre los distintos órganos. Simplemente era necesario saber qué ocurre dentro de las células antes de poder entender cómo se relacionan.

En los capítulos anteriores ya hemos visto los lugares naturales donde las células madre desarrollan su labor, y por supuesto son las fuentes más lógicas, aprovechadas por los investigadores. Por su estrecha relación con el embrión, los primeros hallazgos con células madre no se han producido en la medicina, sino en otras disciplinas llamadas embriología y biología del desarrollo. También la transferencia de núcleos que dio lugar a la oveja Dolly encaja en estas disciplinas, puesto que el desarrollo empieza con la fertilización del oocito. Años antes del nacimiento de Dolly, las desventajas de la clonac con oocitos ya eran evidentes, y varios grupos de investigación habían buscado métodos alternativos para generar mamíferos genéticamente modificados. Las fases tempranas del blastocisto se caracterizan por una serie de cambios rápidos, que son una adaptación de los mamíferos para preparar la implantación en el útero. La fertilización normalmente ya se produce en las trompas de Falopio, y el paso al útero estimula a este órgano para recibir al embrión. Por lo tanto, la tendencia natural de las células embrionarias se dirige hacia la diferenciación y la formación de las tres capas —endodermo, mesodermo y ectodermo— que hemos visto en el segundo capítulo.

Al final, los científicos que consiguieron generar los primeros cultivos de células madre embrionarias tuvieron que superar dos retos relacionados con estas primeras fases del embarazo: mantener la proliferación de las células y prevenir su diferenciación. En el año 1981, dos grupos de investigación encontraron las condiciones adecuadas, casi al mismo tiempo pero de manera independiente. La doctora Gail Martin, de la Universidad de California, y los doctores Martin Evans y Matthew Kaufman, de la Universidad de Cambridge en el

Reino Unido, comparten el honor de haber establecido los primeros cultivos de células madre embrionarias de ratón fuera del cuerpo.

Poco antes, otros grupos ya habían aislado células de la masa interior del blastocisto, que mostraban propiedades de las células madre. Las células de la masa interior producen un tipo especial de tumores, los teratocarcinomas, cuando se implantan en ratones con un sistema inmune compatible, es decir, genéticamente idénticos. En los teratocarcinomas se produce una diferenciación parcial y, cuando crece el tumor, es habitual encontrar diferentes tipos de tejidos, incluidos músculo y pelo. La formación de un tumor muestra la capacidad proliferativa de las células implantadas, y la generación de diferentes tejidos, su capacidad para diferenciar. Décadas más tarde, la formación de teratocarcinomas todavía es un ensayo común para demostrar la pluripotencia de las células madre. Igual que las células HeLa, aisladas de otro tipo de carcinoma, las células de los teratocarcinomas siguen creciendo fuera del cuerpo del anfitrión. Durante la formación del tumor, el proceso de carcinogénesis transforma las células y las vuelve independientes del cuerpo. La formación del tumor convierte a las células embrionarias en células madre tumorales, lo que reduce su interés para la medicina. Para evitar la formación de tumores, otros grupos intentaron establecer un cultivo de células del interior del blastocisto sin trasplantarlas a otro ratón. Sin embargo, las células embrionarias no transformadas, una vez que se depositaban en un frasco de cultivo, perdían rápidamente la capacidad de autorrenovación por una diferenciación parcial. En las condiciones de laboratorio se producía una senescencia prematura que cambiaba el cultivo en un cúmulo de células improductivo.

La doctora Martin, por un lado, y los doctores Evans y Kaufman, por otro, decidieron utilizar una solución de compromiso para evitar estos dos problemas, y ese método es el que se sigue usando en la actualidad. Para simular la presencia de un cuerpo anfitrión, sembraron una capa de fibroblastos derivados de otra fuente. Esos fibroblastos ya se habían establecido como línea celular y eran capaces de crecer sin ayuda. Cuando los fibroblastos cubrían el fondo del frasco de cultivo, los investigadores paraban su proliferación añadiendo una dosis alta de un agente que dañaba a los cromosomas, y así inducían la senescencia. Entonces ponían en contacto a las células madre embrionarias con los fibroblastos parados y añadían el sobrenadante de un cultivo de teratocarcinoma (del cual habían eliminado sus células) para ayudar a crecer a las células madre embrionarias. Los teratocarcinomas producen los componentes necesarios para estimular su propio crecimiento, y esas mismas hormonas pueden impulsar el crecimiento de otras células. La idea es la misma que la estimulación con suero que hemos visto en el capítulo anterior. Además, el teratocarcinoma produce unas hormonas que previenen la diferenciación. Ya que la diferenciación reduce la capacidad para crecer, el tumor produce una abundancia de hormonas simplemente para sobrevivir. El medio de cultivo con estas hormonas, que se llama medio condicionado, tenía el mismo efecto sobre las células madre embrionarias sin producir la transformación en carcinoma. En estas condiciones, las células madre embrionarias siguen creciendo mientras reciben los estímulos adecuados y se inhibe su diferenciación. Se ha generado una línea celular inmortal, y no hace falta repetir el procedimiento con más blastocistos. Solo cuando la experimentación requiere células madre embrionarias de otro genotipo es necesario aislarlas de nuevo. En los próximos párrafos veremos la utilidad de las células madre embrionarias en la generación de modelos de investigación, por ejemplo, los ratones sin telomerasa. En la actualidad, uno de los pocos cambios introducidos en el protocolo original es la eliminación del medio condicionado. En su lugar resulta más fiable usar las correspondientes hormonas purificadas. Probablemente ya no nos sorprenda conocer que el factor crítico ha resultado ser una hormona descubierta por primera vez en la médula ósea, y que desempeña el papel adicional de controlar la implantación del embrión en el útero. El nombre de esta hormona al final parece lo menos importante, simplemente se llama factor que inhibe a la leucemia, en inglés: *leukemia inhibitory factor.*

Modificación genética

Los medios de comunicación, incluso los programas de contenido más o menos científico, mencionan a veces que se ha generado un animal mutante. Y directamente nos imaginamos un animal inocente convertido en monstruo de manera instantánea pero accidental. La manera de presentar una mutación nos hace pensar que el contacto con tóxicos carcinógenos o la exposición a la radiación convierten a un ser vivo en un monstruo por un efecto integral. Nada más lejos de la verdad. En el mundo real, las mutaciones se producen a nivel de una sola célula, sin una distribución sistémica por todo el cuerpo. Se trata de una consecuencia directa de las observaciones de Henri Dutrochet que vimos en el primer capítulo: la célula es la unidad de organización básica de la vida. Una consecuencia de esta ley es el comportamiento de las células madre en el envejecimiento. Se comportan como individuos en una sociedad aunque intenten comunicarse entre ellas con hormonas. Al final, cada célula toma sus propias decisiones "a ciegas". Por lo tanto, una célula madre a veces entra en apoptosis aunque debería reponer células somáticas en el futuro, y otras veces decide crecer aunque tenga los cromosomas dañados y produzca un tumor.

Tampoco los científicos que trabajan en el laboratorio pueden escapar de la ley de Dutrochet cuando quieren manipular células o animales. El experimento del doctor Gurdon es un ejemplo excelente: se modifica un solo oocito inyectando un solo núcleo. También las células madre embrionarias, aisladas según el método de la doctora Martin, se comportan como individuos aunque vivan con millones en un frasco. La citometría de flujo y la formación de colonias en una placa Petri son técnicas tan poderosas precisamente porque visualizan células individuales mientras permiten sacar conclusiones de la población total. Producir un animal *transgénico*, una aplicación rutinaria de las células madre, depende igualmente de una sola célula, ya que la transmisión de la *quimera* a la próxima generación pasa por espermatocitos y oocitos individuales. Veremos cómo solucionan los científicos el problema de depender de células individuales mientras trabajan con millones de ellas en un frasco.

En la época de los doctores Gurdon y Hunt, los oocitos eran un modelo de experimentación de última generación. Se trataban individualmente para inyectarles un núcleo, pero se manipulaban en una población grande para aislar las proteínas del ciclo celular. El uso dual de células no había producido ningún problema durante décadas, hasta que las posibilidades tecnológicas obligaron a que los investigadores reconsideraran su estado de ignorancia. Cuando los avances en la manipulación del ADN permitieron crear mutaciones genéticas, encontrar una célula individual particular en una gran población se convirtió en una habilidad esencial. Siempre resulta más cómodo manejar millones de células en un frasco que una sola bajo el microscopio, y es el método preferido en la actualidad. Ya que una sola célula es la responsable de transmitir los cromosomas de un mamífero a la próxima generación, seleccionar las células con el material genético que deseamos —una clonación— supone un paso esencial.

La manipulación genética empieza con la idea del investigador, cuál es su gen o función de interés. Asociar el gen adecuado con la enfermedad es una ciencia en sí misma, en la que se usa una variedad de información. Por ejemplo, la detección de proteínas aberrantes por anticuerpos puede indicar directamente el gen responsable, o la comparación del ADN de hermanos sanos y afectados en una familia puede mostrar la región cromosómica de interés. Una vez que se ha logrado completar la secuenciación del genoma humano —seguida poco después por la del ratón—, encontrar la secuencia de un gen entre los 20.000 ya no cuesta más que una búsqueda por ordenador. El ADN físico correspondiente está disponible en librerías que se mantienen en bacterias o se puede sintetizar por métodos químicos.

FIGURA 10

La recombinación permite generar células modificadas genéticamente. Al introducir un plásmido circular en la célula, la reparación espontánea origina una integración en el cromosoma. Introduciendo un fragmento de ADN lineal, una doble recombinación sustituye el segmento del cromosoma correspondiente, por ejemplo el gen "X", por un marcador que podemos usar para seleccionar las células modificadas.

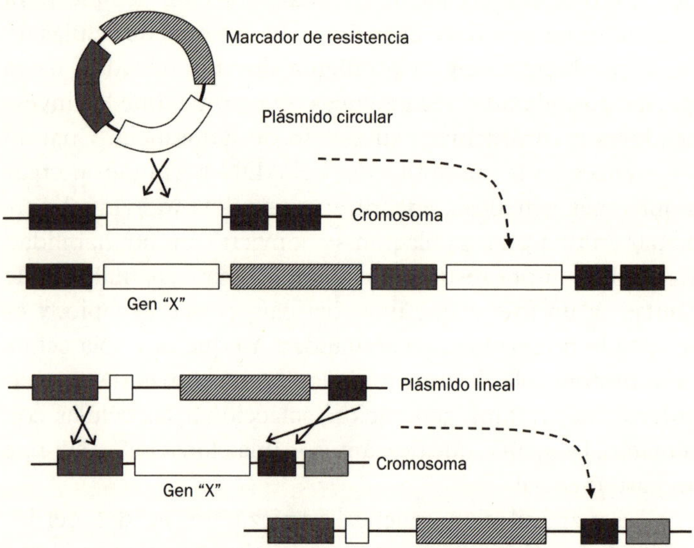

El reto más grande al que se enfrentan los biólogos es dirigir la manera en que las células incorporan el ADN de interés. En contraste con las bacterias, que pueden mantener un tramo de ADN en un pequeño círculo —llamado plásmido—, la estabilidad del ADN en los mamíferos requiere su incorporación en un cromosoma. Mediante su inclusión en liposomas podemos hacer que el ADN llegue a la membrana citoplasmática de las células en un cultivo, una de las ventajas de hacerlas crecer en un frasco, pero su destino dentro de la célula está fuera del control de los científicos. La introducción del ADN en las células –que se llama *transfección*– produce una respuesta en la célula, ya que esta percibe el fragmento nuevo como un cromosoma dañado e intenta repararlo. Entonces, las células realizan el trabajo duro de manera natural, sin que el investigador intervenga especialmente. Ya que las células madre pasan por muchas replicaciones, sus sistemas de reparación son muy activos e incorporan el ADN transfectado eficazmente. Ahora buscamos la actividad de un sistema de reparación en particular, la *recombinación*. Este sistema "lee" tramos del ADN con roturas e intenta intercambiarlos con segmentos del ADN sanos que tienen una secuencia similar. Entonces, la adición de unas miles de bases con una secuencia idéntica al segmento cromosómico, en cada extremo del ADN, ayuda a dirigir parcialmente dónde tendrá lugar el intercambio por recombinación.

El resultado de la transfección en un frasco es una población de clones candidatos, entre los cuales tenemos que buscar los correctos realizando otro ensayo. Una primera selección nos dirá qué células han integrado el segmento del ADN en sus cromosomas o, al revés, excluirá a las células sin integración. Si incluimos un gen que da resistencia a un compuesto químico (antibiótico), podemos eliminar las células no transgénicas tratando el cultivo con el antibiótico. La resistencia al antibiótico funciona igual que un marcador, facilitando la identificación de las células de interés. La segunda parte de la selección es más complicada y trata de determinar el sitio concreto en el que se ha incorporado el nuevo ADN en los cromosomas. El análisis del ADN requiere separar los cromosomas y, consecuentemente, mata las células que se están analizando. Antes de que se pueda realizar esta prueba es necesario separar células individuales y hacerlas crecer hasta conseguir colonias pequeñas —clones— de cada una con resistencia a los antibióticos. Solo cuando cada *clon* ha crecido y contiene bastantes células para poder sacrificar algunas, se puede aislar su ADN cromosómico. El método de análisis final es una decisión del investigador y puede ser una *hibridación* o la secuenciación del segmento de cromosoma donde esperamos encontrar la recombinación. El mismo principio de separar células se usa en el diagnóstico prenatal. Cuando el cigoto ha crecido lo justo para que se puedan sacar un par de células, estas se analizan mientras la parte más importante del embrión espera su implantación.

Con el procedimiento descrito aquí es posible generar poblaciones de células transgénicas, con un segmento de ADN integrado en el punto de los cromosomas donde quieren los científicos. Es una herramienta poderosa para estudiar el papel de un determinado gen a nivel celular, pero para estudiar la colaboración de las células en tejidos y órganos se necesita dar un paso más. La posibilidad de manejar células madre embrionarias en el laboratorio, e introducirlas de nuevo en un embrión, ha sido el hallazgo tecnológico que permite generar animales transgénicos completos.

Un animal transgénico en pasos

En investigación, uno de los destinos más importantes de las células madre embrionarias es la producción de animales transgénicos. Aunque el Proyecto Genoma Humano y su equivalente de ratón hayan dejado un mapa con 20.000 genes, esto no da muchas pistas sobre la función de cada gen. A partir de los años ochenta, los cultivos de células madre embrionarias han permitido generar ya algunos ratones mutantes, los llamados *knock-out* que veremos más adelante, pero la secuenciación de genomas enteros ha desencadenado una verdadera carrera para estudiar genes con animales transgénicos. Según las últimas estimaciones, ¡existen alrededor de 10.000 mutaciones en ratones, generadas con el método de las células madre!

Cuando la integración del ADN ajeno en los clones de células madre que hemos visto en los párrafos anteriores se ha confirmado, el reto consiste en generar un nuevo animal con estas células. La pluripotencia es la característica que más se aprovecha en este procedimiento, el cual, en principio, es el inverso del aislamiento de los años ochenta. Se abre un pequeño hueco entre las capas exteriores de un blastocisto y se depositan las células embrionarias transgénicas con una pipeta muy fina en la masa interna. Ya que inicialmente las células madre han sido sacadas de este entorno, se acoplan sin mucho problema al desarrollo embrionario. Al igual que en la transferencia de núcleos, una madre sustituta se encarga del embarazo de los blastocistos modificados. En teoría es posible reimplantar los embriones en la madre original, pero algunos blastocistos pueden haber quedado atrás en las trompas de Falopio, los cuales, por supuesto, no producen un animal transgénico.

Figura 11

Ratón quimera producto de una fusión de células madre embrionarias con un blastocisto. Después de la inyección de células en el blastocisto, la gestación se realiza en una madre sustituta. La proporción de la piel que proviene de los blastocistos, de una variedad llamada BL6, produce pelo negro. La proporción de células inyectadas de la variedad 129Sv da lugar al pelo blanco. Fotografía cedida por el Dr. Lluis Montoliu (CNB-CSIC, Madrid).

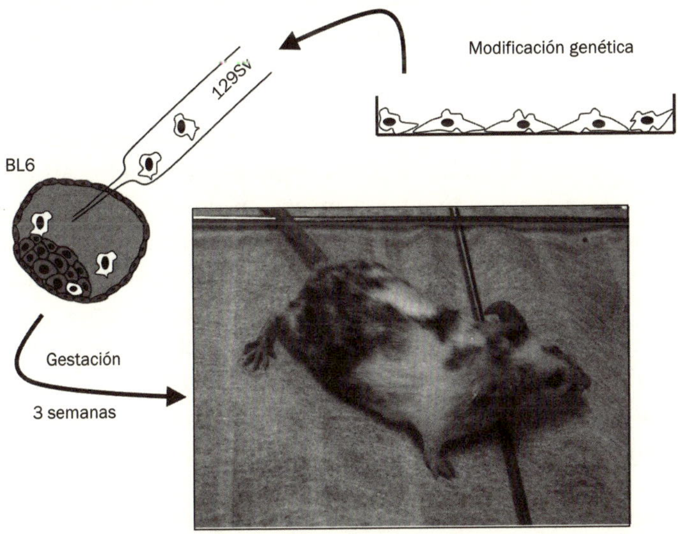

La fusión de las células madre embrionarias con el blastocisto no genera animales transgénicos directamente. Se produce un embrión que contiene una mezcla de células del donante de blastocisto y células que vienen del cultivo. Normalmente, los blastocistos y las células cultivadas tienen un fondo genético distinto, ya que vienen de cepas distintas de ratón. Si la fusión tiene éxito, también el embrión que crece se forma por una mezcla de células genéticamente distintas, y el ratón adulto que crece de ellas es una quimera.

Los blastocistos en los que se inyectan las células madre todavía no pueden haber formado las capas internas y externas del embrión. El estadio receptivo consiste en una simple masa de células, donde es imposible dirigir el destino final de las células madre. Entonces, cada quimera produce una mezcla aleatoria de los dos tipos de células, y es una sorpresa ver el patrón de colores de la piel. La única manera de controlar parcialmente la fusión es el número de células cultivadas que se inyectan en el blastocisto, dentro de unos límites estrictos establecidos por el desarrollo natural del embrión. La superficie de la piel con cada color, una vez que crece el pelo, da una indicación del grado de quimerismo.

Para obtener animales cien por cien transgénicos, los científicos dependen de la transmisión sexual a la próxima generación de ratones. Si el grado de quimerismo es bastante alto, también una parte de las células germinales se deriva de las células cultivadas, y una proporción de los espermatocitos y oocitos llevarán el cromosoma recombinado. Aunque parezca una vía indirecta, la inyección de células madre en blastocistos es mucho más eficaz que la transferencia de núcleos. En vez de inyectar centenares de oocitos, solo hacen falta unas docenas de blastocistos. En general, unas pocas quimeras son suficientes para transmitir el cromosoma recombinado. Además, los ratones llegan a una edad fértil tan rápidamente —menos de dos meses—, que no supone un retraso significativo.

Los avances en tecnología transgénica ya no son dominio exclusivo de los científicos. En gran parte de los cultivos agrícolas comerciales se han introducido genes para aumentar la resistencia a plagas, e incluso podemos encontrar en las tiendas peces transgénicos fluorescentes que la gente compra como mascotas.

Figura 12

Las leyes de Mendel determinan la herencia de marcadores y de los genes *knock-out*. Hacen falta múltiples generaciones de ratones para generar un animal que carezca del todo de un determinado gen.

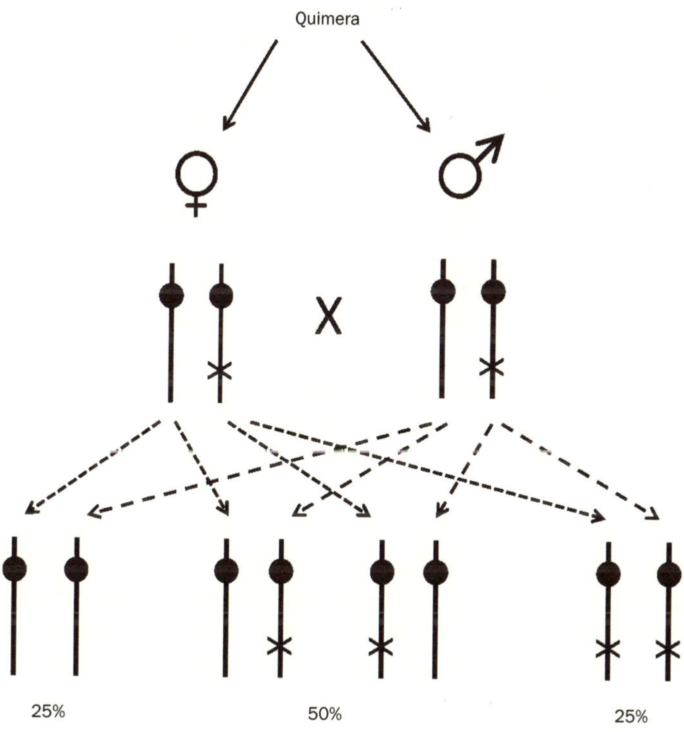

Para estudiar la función de un determinado gen normalmente no es suficiente tener un animal con una copia adicional. Las células funcionan perfectamente con dos copias de cada gen, y una tercera copia muchas veces no cambia nada. Podemos esperar un efecto mucho más impactante por la eliminación de genes, sobre todo cuando es posible borrar ambas copias. Desafortunadamente, la transfección de ADN solo puede añadir o reemplazar segmentos de cromosomas, y hasta ahora no tenemos herramientas eficaces para eliminar directamente un tramo de ADN. Por lo tanto, hace falta otro desvío para conseguir la eliminación de ambas copias de un gen. En una doble recombinación, el fragmento de ADN lineal introducido en la célula sustituye al segmento cromosómico correspondiente. De esta manera podemos cambiar una de las dos copias —que se llaman alelos— que hay de cada gen. Una vez que las células han incorporado un marcador, no tiene sentido usarlo para el otro alelo, porque las células ya se han hecho resistentes al antibiótico con una copia. La eliminación de la segunda copia se consigue cruzando dos ratones con un alelo eliminado, que se llaman heterocigotos. Según las leyes de Mendel, un 25% de la descendencia de los heterocigotos nace con el marcador incorporado en los dos alelos, creando efectivamente un animal sin el gen de interés, y que recibe el nombre de *knock-out*. Por supuesto, la función de algunos genes es tan importante que no podemos vivir sin ellos. En este caso, el cruce de dos heterocigotos no produce descendencia *knock-out*, sino solo nuevos heterocigotos y ratones sin mutación.

Los ratones *knock-out* son una herramienta excelente para estudiar las funciones de los genes. Por ejemplo, una vez que se ha identificado el gen responsable de una enfermedad hereditaria, los ratones que carecen del gen correspondiente permiten seguir sus efectos y probar distintos tratamientos sin poner a los pacientes en peligro. También a la hora de estudiar enfermedades raras, donde el número de pacientes es muy bajo, reproducir la patología en ratones abre la posibilidad de encontrar fenómenos nuevos. Otra aplicación de las células madre evita, sin embargo, este paso por un animal transgénico. En la medicina regenerativa, tema del próximo capítulo, la posibilidad de mantener células madre en un frasco se combina con la posibilidad de diferenciarlas fuera del cuerpo. En los próximos apartados veremos algunos avances científicos recientes que abren el camino a posibles aplicaciones clínicas en el futuro.

Reprogramación

Muchas veces, una observación de la vida cotidiana da el impulso para años de investigación. ¡En la biología, solo hace falta mirar a nuestro alrededor para tener una multitud de estas observaciones! Cuando una lagartija se siente amenazada, al cogerle un depredador la cola, puede soltar esa parte de su cuerpo e intentar escapar. Si la lagartija sobrevive, su cola vuelve a crecer en las próximas semanas y el acontecimiento solo queda en un susto. También algunos anfibios pueden recuperarse de heridas graves pero no letales; las ranas, por ejemplo, pueden regenerar una pata perdida al completo (con huesos, músculos y piel).

La posibilidad de rehacer un órgano suscita un enorme interés y ha dado lugar a una disciplina nueva. Dado que los mamíferos no comparten esta capacidad natural de algunos anfibios y reptiles, encontrar una manera para ayudar a la naturaleza es un objetivo fundamental de la medicina regenerativa. Desde el principio ha quedado claro que las células madre desempeñan un papel central en la regeneración de las extremidades de los anfibios, pero la posibilidad de hacer lo mismo con células madre de mamíferos está sujeta a varias condiciones. Por una parte hace falta saber qué pasa dentro de las células cuando se forma un órgano "de nuevo", por ejemplo, cuáles son los genes que se activan; y por otra parte hace falta usar células madre sin tener que producir un animal —o un humano, con todas las consecuencias éticas que conlleva— transgénico. Para estudiar la función de los genes, los transgénicos y animales *knock-out* ocupan el primer plano, pero el uso directo de células madre recibe mucha atención en relación con fines médicos.

Saber qué está pasando

Cuando una rana regenera una pata perdida, se forman una variedad de células especializadas "de nuevo" y cada tipo celular tiene su propio programa de diferenciación. Entonces, cada tipo de células tiene que activar los genes adecuados en el momento justo para que el órgano se forme de manera organizada. Si algunos anfibios pueden organizar esta regeneración, quizá sea posible aprender de ellos y después entrenar a las células de los mamíferos para que hagan lo mismo. Por lo tanto, conocer el orden en que se activan los genes durante la diferenciación y regeneración puede dar pistas importantes para que en el futuro se puedan producir órganos de repuesto. Hace falta encontrar la manera de que se pueda mirar dentro de las células mientras el órgano está creciendo, algo parecido a determinar los ingredientes de una tarta cuando ya está cociéndose en el horno.

La herramienta que más se utiliza para detectar proteínas en el interior de la célula son los anticuerpos. Al igual que la detección de células por citometría de flujo, los anticuerpos se pueden localizar con un microscopio y relacionarlos con un sitio específico dentro de un órgano. Esta técnica funciona muy bien cuando conocemos la proteína que buscamos —por ejemplo, un marcador para células tumorales—, pero no es muy eficaz para nuevas identificaciones, ya que no se han generado anticuerpos para reconocer todas las posibles proteínas. En vez de estudiar directamente la proteína con un anticuerpo, seguir la actividad de un gen por su ARN mensajero puede ser más cómodo e igual de fiable.

Para que las secuencias guardadas en los genes se traduzcan en una serie de proteínas, la célula dispone de un intermediario que transmite la información necesaria. Aparte de ser egoístas, los cromosomas son melindrosos y no se dejan tocar por cualquiera. Las fábricas de proteínas, los ribosomas, no tienen acceso directo y dependen de un mensajero para recibir la información necesaria para producir las proteínas. El ARN mensajero traduce la actividad de los genes en instrucciones para los ribosomas, los cuales, finalmente, producen la proteína correspondiente. Entonces, la actividad del gen, la cantidad de ARN mensajero y la cantidad de proteína que se produce tienen una relación estrecha. La ventaja del ARN, en contraste con las proteínas, es que su composición se parece a la del ADN, que consiste en una secuencia de bases. Los ribosomas al final traducen este código en los aminoácidos de la proteína. Por la composición del ARN es posible programar unas sondas con el fin de detectar el mensajero, y con esto calcular la actividad de los genes. Para saber mejor qué pasa en la diferenciación celular sería idóneo poder analizar todos los genes activos en un solo experimento, a vista de pájaro. El avance esencial en el análisis de la expresión génica total lo tenemos gracias a la nanotecnología. ¡De vez en cuando ayuda pedir prestada una habilidad de otra disciplina! Ya que en un determinado tipo celular hay unos 5.000 genes activos, un reto importante para los biólogos ha sido encontrar los 5.000 mensajeros correspondientes al contenido de ARN en su totalidad.

En los primeros años del siglo XXI, la nanotecnología ha hecho posible determinar los niveles de expresión de los 20.000 genes humanos simultáneamente. Desde los años setenta y hasta principios del siglo XXI, antes de completar el Proyecto Genoma Humano, el procedimiento habitual para determinar la secuencia de los genes y su traducción a proteínas era la clonación en bacterias. Usando la cola de adenosinas que marca el transporte del núcleo a los ribosomas, una enzima viral puede invertir el flujo de información y hacer una copia del ADN a través de los ARN mensajeros. Ya que la enzima transcribe la información de ARN a ADN, en el sentido inverso al normal, se llama transcriptasa inversa. Esta enzima viral hace entonces lo mismo que la telomerasa, pero utiliza un andamio en forma de ARN mensajero con miles de bases. Posteriormente, el ADN copiado se puede incluir en el genoma de una bacteria —mediante clonación— para su propagación y análisis en el laboratorio. Se trataba de un método completamente manual y los científicos necesitaban semanas o meses para estudiar un solo gen.

FIGURA 13

Hibridación de ARN en miniatura. Cada punto en el cristal contiene fragmentos con una secuencia complementaria a un solo gen, llamado sonda. En una incubación de ARN total de la muestra, cada mensajero se acopla a su sonda, y la actividad puede ser determinada analizando la cantidad de ARN acoplado en cada punto. ¡La identidad del gen corresponde a una posición específica en el cristal! Normalmente, la detección del ARN se realiza marcando con un colorante o fluorocromo. Mezclando el ARN mensajero de dos fuentes diferentes y marcando con dos colores distintos es posible comparar directamente cambios entre las muestras.

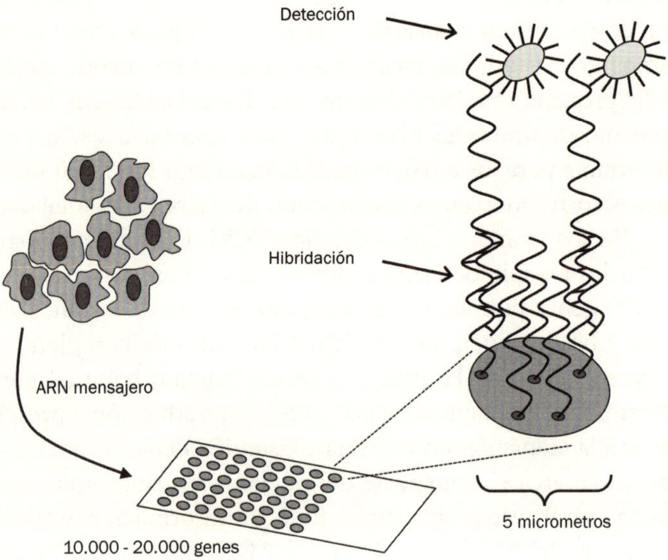

La combinación de nanotecnología y el conocimiento del genoma humano han facilitado el análisis de todos los mensajeros a la vez, en vez de clonar cada ARN individualmente en una bacteria. La miniaturización de los detectores actuales permite crear miles de cámaras de reacción microscópicas en la superficie de un pequeño cristal, en las cuales se produce una hibridación. Aunque todas las moléculas del ARN se encuentran mezcladas en las células, una sonda anclada en cada cámara capta un mensajero específico en su propio sitio. El Proyecto Genoma Humano ha facilitado la secuencia necesaria para captar cada uno de los 20.000 genes y depositar una sonda específica en un punto diminuto. Entonces, la identidad del gen y su ARN está ligada a su sitio, y ya no hace falta conocer su secuencia exacta. La cantidad de mensajero en la célula determina cuánto ARN se ha pegado a la sonda en cada punto, y un detector microscópico puede medir la cantidad de mensajero en cada sitio y calcular la actividad del gen. Una máquina determina la cantidad de ARN que corresponde a cada gen en los laboratorios modernos, pero los científicos todavía tienen que aislar manualmente el ARN de las células. Por lo tanto, cada muestra puede ser un poco diferente. Para comparar el ARN de muestras aisladas en distintos momentos o en diferentes laboratorios hace falta una manera para normalizar cada medición. Hemos visto que la diferenciación de las células cambia la actividad de muchos genes y los ARN mensajeros correspondientes. Afortunadamente, la función de algunos genes es esencial, lo cual implica que su actividad se mantiene siempre constante. Estos genes del hogar son idóneos para la normalización de la expresión, porque sus niveles muestran cambios mínimos durante la diferenciación. La actividad de los genes, y sus subidas y bajadas, finalmente se relaciona con varios genes del hogar para sacar conclusiones sobre su papel.

Los ensayos en miniatura de la actividad de los genes no solo han mostrado los estados de distintos tipos celulares, sino también la transición dinámica entre dos tipos. Cuando recogemos una muestra de ARN a intervalos fijos mientras se produce la diferenciación a menudo podemos ver una activación transitoria de unos pocos genes. Al igual que las ciclinas durante el ciclo celular, estos genes producen ARN y proteína durante un breve periodo, comparable al que se emplea para abrir una puerta con una llave. En contraste con el ciclo celular, la diferenciación va en una dirección —por lo menos en la naturaleza— y el gen solo tiene un único pico de actividad. Gracias a los experimentos iniciados en los años cuarenta, en los cuales se generaban mutaciones en moscas del vinagre con rayos X, el papel de estos genes ya era conocido. Un grupo importante de genes, cuya actividad cambia de manera dinámica durante la diferenciación, desempeña el papel de controlar la actividad de otros genes. La mayoría de los genes activos producen proteínas directamente involucradas en el tipo de especialización, por ejemplo, el transporte de alimentos en el intestino y el contacto entre las sinapsis de las neuronas. Un grupo de genes muy pequeño controla realmente dónde y cuándo se activan o suprimen los genes de las tareas especializadas y determina la identidad de la célula. En la sociedad humana, los políticos, una fracción muy pequeña de la población total, son quienes generalmente dirigen un país. Los genes reguladores, con un papel similar al de los políticos, dan lugar a proteínas que vuelven al núcleo. Allí se acoplan a regiones específicas de los cromosomas, muchas veces en el ADN basura. Estas proteínas reguladoras dirigen la *ARN polimerasa* a los genes, activando la *transcripción* del ADN en ARN, y, lógicamente, se llaman factores de transcripción. También en los experimentos del doctor Gurdon, unas proteínas dentro del citoplasma de los oocitos podían entrar en el núcleo trasplantado para reprogramar la configuración de los cromosomas. Las proteínas responsables nunca han sido caracterizadas, pero es muy probable que incluyan por lo menos algún factor de transcripción.

Crear células madre 'de nuevo'

Generar un animal transgénico no solo supone una inversión económica; también requiere que pase cierto tiempo hasta que crezca una quimera que transmita el cromosoma transgénico a una segunda generación. Normalmente, los pacientes no pueden esperar ese tiempo, ya que producir un órgano completo con un tamaño adecuado para los humanos implica usar animales que tengan un desarrollo más lento que los ratones. Además, el manejo de animales en condiciones asépticas es casi imposible, lo que aumenta el riesgo de trasplantar enfermedades junto con los órganos cultivados de esa manera. Por estas razones, algunos grupos de investigación prefieren explorar las posibilidades de las células madre residentes para regenerar órganos dañados. En condiciones en las que hay una proporción considerable de células madre en un tejido, a veces es suficiente hacerlas crecer durante un tiempo fuera del cuerpo antes de reimplantarlas, pero la capacidad endógena de regeneración es demasiado baja en otros tejidos. Mientras que muchos investigadores han explorado el camino más conservador de enseñar a las células madre a convertirse en tejidos especializados —explicaré algunos ejemplos en el próximo capítulo—, un grupo japonés se ha atrevido a deshacer toda la diferenciación y generar células madre pluripotentes a partir de células diferenciadas. Una razón adicional para llevar a cabo este ambicioso proyecto era evitar el uso de embriones, el cual, en el caso de células madre humanas, supone un problema ético considerable.

Si la diferenciación de las células madre en células especializadas supone un cambio de su programación, la pregunta es si este proceso se puede invertir o deshacer. De esta manera se podrían generar células madre a partir de células especializadas. Aunque los clones de ranas que generó el doctor Gurdon y la oveja Dolly ya han mostrado la posibilidad de la reprogramación, precisamente la necesidad de utilizar oocitos supone una barrera para su uso en la medicina humana. ¡El reto es producir células madre de células somáticas de manera directa! Los perfiles de expresión de principios del siglo XXI, los cuales indicaban cambios en la actividad de los genes, han dado varias pistas de cómo las células madre orquestan su diferenciación. Entre todos los genes que cambian su actividad, los factores de transcripción son unos candidatos excelentes para cambiar los programas globales, y con esto, la identidad de la célula. En vez de recomponer todo el repertorio de expresión, la idea sería activar unos pocos factores de transcripción responsables para que la célula misma se adaptase ajustando los demás genes.

En el año 2006, el grupo del doctor Shinya Yamanaka, de la Universidad de Kioto, utilizó la información sobre la expresión de factores de transcripción en células madre para componer un panel de 24 candidatos. Según el razonamiento del doctor Yamanaka, los factores de transcripción abundantes en las células madre pero con niveles bajos en las células diferenciadas probablemente tendrían un papel para mantener un estado pluripotente. En la bibliografía disponible en esa época, por ejemplo, algunos de los candidatos ya habían mostrado su capacidad para estimular la autorrenovación. Al final, el grupo del doctor Yamanaka decidió aplicar estos 24 candidatos en grupos para conseguir un efecto más potente. Al insertar el gen de cada factor de transcripción en un plásmido derivado de un virus, se aseguró su inserción en los cromosomas y su producción eficiente. Al final, una combinación de 4 factores de transcripción —llamados Oct4, Sox2, c-Myc y Klf4— mostró ser la idónea. El proceso de conversión no era muy rápido, y finalmente tardaba entre 2 y 4 semanas. Los factores de transcripción no pueden simplemente "encender" cualquier gen en los cromosomas. Para ahorrar espacio, las células guardan los genes inactivos en regiones de ADN empaquetadas de manera muy compacta. La actividad de los genes, relacionada con las proteínas que envuelven el ADN y que controlan su empaquetamiento, solo cambia poco a poco. El tiempo necesario para reprogramar las células somáticas en células madre refleja el cambio de los genes desde regiones nucleares empaquetadas con proteínas a regiones más activas. Entonces, ¡la célula tiene que sacar los genes inactivos del desván antes de poder usarlos! Después de este periodo de cambios, las células madre inducidas resultaban tener un potencial pluripotente en ensayos de teratocarcinoma y de diferenciación. Así, el doctor Yamanaka había logrado generar por primera vez células madre pluripotentes sin la intervención de un embrión.

A veces, este proceso de la desdiferenciación se compara con la acción de rebobinar una cinta de vídeo. La analogía de rebobinar visualiza muy bien cómo se da marcha atrás en el tiempo, pero no corresponde exactamente con lo que pasa dentro de la célula después de que se hayan introducido estos cuatro genes. Resulta más fácil entender cómo consiguió el grupo del doctor Yamanaka deshacer la diferenciación si comparamos los cromosomas con un ordenador. La analogía del ordenador se apoya en un principio diferente al de la cinta de vídeo. El disco duro de un ordenador no necesita rebobinarse para encontrar un fichero, sino que simplemente mueve la cabeza de lectura hacia donde se necesita. Los cromosomas de verdad se parecen físicamente a cintas largas y finas. Sin embargo, están suspendidos en un ambiente acuoso en el núcleo, donde las proteínas que dirigen la diferenciación celular se pueden mover con una relativa libertad. Igual que en un ordenador, lo importante no es dónde está cada gen, sino el acceso y manejo por las proteínas que procesan la información genética.

Aunque el método del doctor Yamanaka no sea más eficaz que la reprogramación del núcleo en los oocitos —al contrario, el porcentaje de células reprogramadas es todavía más bajo—, las células cultivadas en un frasco (millones de ellas) pueden ser tratadas a la vez. No sorprende entonces que su método haya sido el que se ha empleado para generar una variedad de células madre pluripotentes desde su descubrimiento en 2006. Dado que evita el uso de embriones, ha facilitado crear células madre pluripotentes de muestras humanas. Para las posibles aplicaciones en medicina —tema del próximo capítulo— ha supuesto un paso enorme, aunque todavía quedan algunos problemas importantes por resolver.

Para crear las células madre pluripotentes inducidas hace falta introducir copias adicionales de los 4 genes para que la célula produzca los factores de transcripción de manera obligatoria. El doctor Yamanaka ha elegido plásmidos derivados de virus, porque tienen una alta capacidad de integrarse en los cromosomas y producir proteínas. Este método no plantea problemas para su uso en investigación, pero no es el idóneo para utilizarlo en medicina. ¡La integración del plásmido puede destruir otro gen igual de importante! Es lógico que muchos de los esfuerzos recientes hayan buscado maneras de inducir la pluripotencia en células madre sin usar plásmidos. Pero, aunque podamos ver algún progreso, los métodos que se han propuesto hasta ahora no siempre tienen éxito y parece complicado realizarlos de manera rutinaria. Hasta que los métodos de los cuales disponemos sean reproducibles, su uso en clínica no estará comprobado.

No todas las células madre son iguales

Las células madre pluripotentes, aisladas del blastocisto o inducidas por la reprogramación, tienen una alta capacidad de crecimiento. La actividad de los genes se adapta, por supuesto, a las necesidades de estas células. En las células madre embrionarias es un fenómeno natural, pero las células madre inducidas aprenden cómo crecer rápidamente. Por ejemplo, el gen que produce la telomerasa no es muy activo antes de introducir los 4 factores, pero se reactiva en las semanas que tarda la reprogramación. En el cáncer se produce un fenómeno similar; muchos tumores acumulan copias adicionales del gen Myc, uno de los 4 usados por el doctor Yamanaka, e intentan producir más telomerasa. La combinación de estos genes permite sobrevivir a las células del tumor, que normalmente morirían por apoptosis.

La formación de tumores por células madre pluripotentes preocupa a la comunidad científica. Aunque la aplicación en clínica probablemente incluya una diferenciación forzada en la dirección del tejido que se quiera reparar, no sabemos si alguna célula madre podría resistir. En este momento no tenemos modelos de experimentación que puedan predecir estos efectos a largo plazo con seguridad. Ni siquiera los modelos de ratón, muy útiles para estudiar efectos hereditarios, pueden replicar la larga vida de los humanos. Incluso los ratones más longevos limitan nuestro horizonte de observación a dos años y medio. De momento, la falta de conocimiento sobre el comportamiento a largo plazo de las células madre pluripotentes reduce su utilidad al laboratorio.

Investigadores del Centro Nacional de Investigación de Primates, en los Estados Unidos, han comparado las células madre embrionarias de ratón con las de macaco y han encontrado diferencias notables a simple vista. Aunque las dos poblaciones de células madre fueron obtenidas de la misma manera, a partir de blastocistos, cada especie tenía su propio modo y velocidad de crecimiento, rápido en colonias de ratón y lentos y planos en las de macaco. Parece que las células madre de macaco se preparan para un embarazo y una vida más larga con un crecimiento más lento. No obstante, también las células madre de macaco han generado una línea celular con crecimiento indefinido y pueden diferenciarse a una variedad de tejidos, lo que muestra su capacidad pluripotente. Aunque su apariencia bajo el microscopio sea distinta, esta diferencia puede tener su origen en unos pocos genes, mientras que la actividad de la mayoría de genes es similar.

La diferencia más importante entre los ratones y otros animales parece ser el manejo de las células madre derivadas en el laboratorio. Mientras que las células madre embrionarias de ratón se manejan a diario en centenares de laboratorios, hay escasos resultados obtenidos con otras especies. ¡El manejo de las células madre de algunos animales no solo parece depender de la destreza del investigador, sino también de la suerte! Las posibles diferencias entre un animal y otro afortunadamente no tienen que frustrar el paso entre investigación y clínica. Por razones éticas, el uso de células madre embrionarias de origen humano se ha reducido al mínimo en los últimos años. En este periodo, las células madre que se conservan en el cuerpo adulto o en tejidos "residuales" —el cordón umbilical— han ganado terreno. Algunos trabajos de los últimos años indican que el paso del laboratorio a clínica puede ser más corto con la aplicación de células madre mesenquimales aisladas del cuerpo adulto, por lo menos en algunas aplicaciones. Por lo tanto, el horizonte que se está abriendo actualmente será el tema del último capítulo.

CAPÍTULO 6

Medicina regenerativa

En el segundo capítulo hemos visto que las células madre desempeñan una función importante en la fisiología natural. Si no fuese así, convertirlas en una posible aplicación médica sería casi inconcebible: ¡sin un punto de agarre es imposible hacer fuerza! Así, aunque los medios de comunicación nos las muestren en un entorno científico experimental, debemos recordar su origen natural. El proceso para convertir un fenómeno natural en biotecnología siempre suele ser el mismo y consiste en observar, entender e imitar.

Antes de que se puedan usar de forma rutinaria, las aplicaciones con células madre pasan obligatoriamente por pruebas con animales y, posteriormente, por pruebas preclínicas donde se evaluarán su eficacia y seguridad. Con respecto a este proceso, no hay diferencias con los estudios que se realizan para cualquier medicamento. La complejidad de cada célula, y los intereses opuestos a los que se enfrentan a veces —entre cuidar de los cromosomas y cuidar de los órganos—, complican el predecir su comportamiento a largo plazo. Los métodos propuestos para la medicina, por supuesto, se han probado antes en un ambiente científico y las pruebas clínicas tienen que mostrar cuáles se van a convertir en tratamientos útiles y cotidianos.

El problema de los trasplantes clásicos

Los estudios de los órganos en los anfibios han dado una primera impresión de las señales biológicas implicadas en la regeneración. Uno de los objetivos principales de estos estudios es averiguar cómo se pueden generar órganos nuevos para reemplazar los equivalentes dañados en humanos. Pero ¿qué ventaja tiene este método si podemos trasplantar ya órganos de una persona a otra?

Los primeros trasplantes datan ya de los años cincuenta y sesenta, cuando los doctores Till y McCulloch regeneraron la sangre y el sistema inmune mediante la infusión de una pequeña cantidad de médula ósea. Aunque hubo algunos éxitos con los trasplantes de órganos en estas décadas, como los trasplantes de riñón entre gemelos, muchos pacientes murieron poco después de la intervención por rechazo del trasplante. En estos años se desconocía la compatibilidad —o su falta— entre individuos y el peligro de que se produjera un rechazo de los órganos fue considerable. A finales de los años cincuenta, el grupo del doctor Peter Brian Medawar descubrió el papel del sistema inmune en el rechazo de trasplantes y el doctor George D. Snell propuso la existencia de genes en ratones que controlaban la aceptación o el rechazo, a los que se ha llamado genes de histocompatibilidad. Los distintos trabajos con impacto en la medicina de trasplantes fueron galardonados con un Premio Nobel en los años sesenta y ochenta.

El material donante de las células madre debe tener la misma composición genética que el receptor para tener una situación idónea. Salvo en casos raros —pensemos en enfermedades autoinmunes—, esto asegura el mayor grado de compatibilidad con el sistema inmune. En contraste con la mayoría de los animales de laboratorio, que son genéticamente idénticos, todos los humanos (salvo los gemelos) son diferentes. De cada cromosoma heredamos una copia de nuestra madre y otra de nuestro padre; también nuestro sistema inmune depende de genes que recibimos de las generaciones anteriores. Esta diferencia genética se traduce en una falta de compatibilidad entre el sistema inmune de diferentes individuos. El sistema de incompatibilidad más conocido es el de los grupos sanguíneos A, B, O, y sus combinaciones. La transfusión de sangre con antígenos a una persona cuyo sistema inmune tiene la posibilidad de reconocerlos provoca una fuerte respuesta en el cuerpo y puede originar la muerte. Aparte del sistema ABO, especialmente activo en la sangre, la compatibilidad en los trasplantes está restringida por otros componentes del sistema inmune. Cada célula expone una selección de pequeños trozos de todas las proteínas de su interior al sistema inmune. Los linfocitos perfusionan continuamente los tejidos para muestrear este conjunto de trozos. Cuando una célula se infecta por un virus o bacteria, las proteínas del patógeno llegan a la superficie y son detectadas por los linfocitos, que provocan una respuesta del sistema inmune.

FIGURA 14

El complejo de histocompatibilidad. Cada célula dispone de pequeñas plataformas, en las cuales presenta una muestra de las proteínas de su interior para la vigilancia por parte del sistema inmune. Un reconocimiento de una proteína anteriormente desconocida o la pérdida total de contacto con los linfocitos provocan una respuesta inmune. Imagen reproducida de Kalidas Yeturu *et al.*: *BMC Bioinformatics* (2010), 11, S55, bajo licencia Creative Commons 2.0.

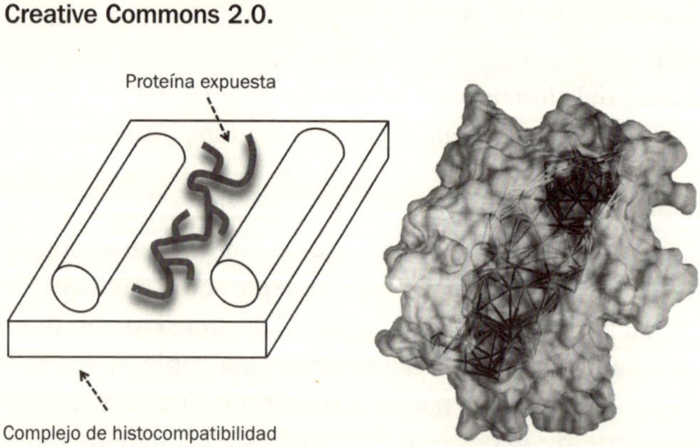

Una serie de proteínas dedicadas "exponen" los trozos representativos en la superficie de cada célula. Para que el sistema inmune sepa distinguir entre las proteínas propias y las relacionadas con patógenos, tiene que pasar por un proceso de entrenamiento en la juventud. Esencialmente, todos los linfocitos con reactividad contra los antígenos propios en las fases tempranas de la vida mueren por apoptosis. Una vez pasada esta fase de selección, el sistema inmune da por hecho que los antígenos nuevos vienen de fuera y son una amenaza.

Las plataformas que exponen los trozos de proteínas al sistema inmune, las proteínas de histocompatibilidad pueden ser ligeramente diferentes de una persona a otra. También heredamos una copia de la madre y otra del padre de los genes que producen estas plataformas. ¡Hay más de 200 variantes identificadas de algunas proteínas de histocompatibilidad! Si el sistema inmune no ha sido entrenado, puede reaccionar contra las proteínas de histocompatibilidad, matando a las células que llevan una variante ajena al cuerpo. Entonces, en la búsqueda de donantes compatibles es fundamental saber cuál de las 200 variantes de cada gen de histocompatibilidad se producen en el donante y en el receptor.

Aunque los genes de histocompatibilidad sean muy importantes, no son los únicos que determinan la posibilidad de realizar un trasplante con éxito. Casi todos los genes tienen variantes en la población, lo que se traduce en pequeñas diferencias entre las proteínas expuestas en la superficie de la célula, contra las cuales se puede producir una respuesta del sistema inmune. ¡Esencialmente, cada persona tiene su propia historia inmune! Por lo tanto, aunque se compruebe la compatibilidad de las proteínas de histocompatibilidad, los receptores de estos órganos generalmente reciben medicación para suprimir el sistema inmune. Para los trasplantes, la variación en las proteínas de histocompatibilidad complica la búsqueda de una combinación funcional de donante y receptor. Tener dos genes —en realidad, dos alelos del mismo gen— para las plataformas que exponen proteínas significa que ni siquiera dos hermanos son siempre compatibles, solo los gemelos tienen una compatibilidad garantizada. Décadas de experiencia nos han enseñado cuáles son las combinaciones con menos problemas de rechazo, pero siempre es necesario confirmar la compatibilidad mediante una prueba final. Por supuesto, la determinación de la variante de histocompatibilidad y la verificación final requieren análisis clínicos y, en ese tiempo, los órganos para trasplantar se deterioran.

Trasplantes autólogos

La incompatibilidad impuesta por el sistema inmune se puede evitar usando células del propio cuerpo en los trasplantes. Esto asegura que los genes de histocompatibilidad tengan la misma variante, y que donante y receptor comparten su "historia inmunológica".

Un área donde los trasplantes autólogos tienen una aplicación evidente es en la conservación del sistema inmune. En intervenciones médicas donde se puede esperar un impacto grave sobre el sistema inmune, como por ejemplo en los tratamientos del cáncer con quimioterapia, guardar una parte de la médula ósea es una manera relativamente sencilla de reparar los daños colaterales.

Con los primeros métodos de obtención de células madre de la medula ósea era necesario abrir la pelvis u otro hueso grande, pero las técnicas modernas nos permiten sacar las células madre sin cirugía. Un pequeño porcentaje de estas células madre circulan siempre por la sangre, y un tratamiento con hormonas activadoras puede movilizar aún más. La extracción de una porción de nuestra propia sangre, que se centrifuga para separar estas células, y la devolución del plasma, los linfocitos y los glóbulos rojos, nos permite aislar estas células madre sin impactar mucho en otras funciones. Este método, que recibe el nombre aféresis, puede adaptarse para obtener determinados componentes de la sangre modificando los parámetros de centrifugación, y se usa, entre otras cosas, para trasplantes de plaquetas. Durante el tiempo que dura el tratamiento de quimioterapia, las células se guardan congeladas. El reto es congelar minimizando los posibles daños, que se producen rápidamente cuando los cristales de hielo se expanden y hacen estallar las células. Para evitar estos daños, la médula ósea se congela en presencia de compuestos que reducen el tamaño y la cantidad de cristales. La médula ósea tiene una composición idónea para ser congelada, ya que sus células se adhieren poco entre ellas y dejan entrar los compuestos que previenen la formación de hielo. Al acabar el tratamiento, la médula ósea se puede trasplantar con una transfusión, y las células madre normalmente encuentran su lugar natural sin ayuda adicional. El único efecto de los compuestos utilizados en la congelación es un cambio temporal del olor del aliento, un pequeño sacrificio para salvar su sistema inmune. Desafortunadamente, no siempre es posible obtener una muestra de la médula ósea fiable. Los tratamientos de cáncer con quimioterapia sistémica se suelen realizar porque hay metástasis distantes, y las células tumorales dispersadas se alojan frecuentemente en el interior de los huesos. Las células del cáncer pueden competir con la medula ósea para ocupar el interior de los huesos y reducir a un mínimo la cantidad de células madre. En cada caso es necesario que un equipo médico evalúe la posibilidad de un trasplante autólogo de médula ósea.

Aparte de la médula ósea, también se pueden usar otros órganos en los trasplantes autólogos. La piel es otro órgano con una gran cantidad de células madre. Una vez más, su capacidad de regenerarse hace posible su aplicación en clínica. Existen tecnologías para aprovechar las propiedades de las células madre sin sacarlas del cuerpo. Por ejemplo, la estimulación del crecimiento de nueva piel con cremas tópicas actúa sobre las células madre ya existentes. Si los posibles daños no han llegado a las capas interiores, generalmente es posible una restauración de la piel. Para reparar la pérdida de una superficie de piel considerable en donde no es posible curar el tejido local, el trasplante de una sección de piel de otra parte del cuerpo puede ser la solución. Muchas veces basta con usar un área de piel más pequeña que la superficie dañada, y estirarla después de su perforación. En este caso, en vez de congelar la muestra para su uso posterior, la piel se puede cultivar en un laboratorio para aumentar su superficie. Entonces, los huecos que se forman por la perforación y el estiramiento se rellenan con células mientras la piel crece en un frasco. Por supuesto, este procedimiento depende de las células madre ya existentes en la muestra de piel. Una muestra sacada de una persona joven generalmente se regenera más rápido y se puede estirar más. Cuando la propia piel ha perdido ya su capacidad de regenerarse, tampoco va a ser fácil su crecimiento en un frasco. En general, el crecimiento en el laboratorio induce la senescencia en una proporción de las células sacadas de su entorno natural, agravando la situación natural de los órganos envejecidos. Aislar células madre de otros sitios, a veces inesperados, y cambiar su destino puede ser una solución viable en este caso.

La proporción de células madre en los distintos órganos puede variar considerablemente. Aunque es muy alta en la médula ósea y la piel, hay células madre en casi todos los órganos. Entre toda la variación disponible en el cuerpo, los tejidos con origen mesenquimal tienen un interés especial por su abundancia y distribución. ¿No sería una idea perfecta sacrificar un poco de un órgano que sobra para regenerar una función importante? La grasa corporal tiene su función en la regulación de los niveles de azúcar en sangre, convirtiendo los excedentes en grasas cuando la insulina lo indica, pero a lo largo de la vida pueden llegar a alcanzarse cantidades no funcionales. Aunque la grasa contiene una proporción más baja de células madre que la médula ósea, es posible aprovecharlas con métodos relativamente sencillos. A veces, las células madre están localizadas en lugares estratégicos, que protegen contra los efectos del medio ambiente mientras permiten reponer las células gastadas rápidamente. El intestino ya ha recibido bastante atención, pero también en la piel hay una capa discreta que alberga las células madre. También la médula ósea se puede ver como un lugar protegido, separado del resto de la sangre. En la grasa corporal, las células madre no están en un lugar discreto, pero se encuentran dispersas entre los adipocitos —células especializadas en almacenar lípidos— maduros. Afortunadamente, obtener grasa corporal mediante liposucción es un procedimiento sencillo en clínica. Una vez sacada del cuerpo, una simple etapa de centrifugación es suficiente para recolectar las células madre mesenquimales. Ya que los lípidos reducen la densidad de los adipocitos maduros, estas células tienen tendencia a flotar, mientras que las células madre de este tejido se dejan arrastrar hacia abajo en la centrífuga. Una vez separadas de las células somáticas, las células madre se pueden cultivar en un frasco, con el fin de ampliar su número antes de ser trasplantadas.

Aparte de las propiedades físicas como la densidad, el patrón de expresión de genes también ayuda a la purificación de las células. ¡Es la propia identidad de las células madre la que las delata! Los mismos marcadores que permiten identificarlas en los órganos sirven para sacarlas de su entorno natural. En casos extremos donde la proporción de células madre es muy baja, los anticuerpos ayudan a "pescar" solo las células de nuestro interés. Ya que en la citometria de flujo las células pasan de una en una por el detector, es posible incluir una válvula que separe cada célula detectada por un anticuerpo en la superficie. Como el paso de las células por el citómetro tarda su tiempo y se necesita un equipo delicado y caro, varias empresas han buscado métodos más sencillos para aprovechar los anticuerpos. Se han diseñado pequeñas esferas magnéticas recubiertas de anticuerpos, que se unen a las células que nos interesan. Posteriormente, un imán nos permite separar los anticuerpos con las células adheridas del resto de la solución en un solo paso. Entonces, los anticuerpos que reconocen las proteínas de los genes marcadores tienen un uso para su separación con distintos métodos y ya se están imponiendo poco a poco en aplicaciones clínicas.

FIGURA 15

Separación de células madre con anticuerpos. El método más usado hasta principios del siglo XXI fue la separación por fluorescencia en un citómetro de flujo equipado con un separador mecánico o electrostático (izquierda). Últimamente ganan terreno los métodos de separación magnética, que no necesitan un citómetro, pero usan pequeñas esferas de hierro cubiertas con anticuerpos para captar a las células y atraerlas hacia un imán.

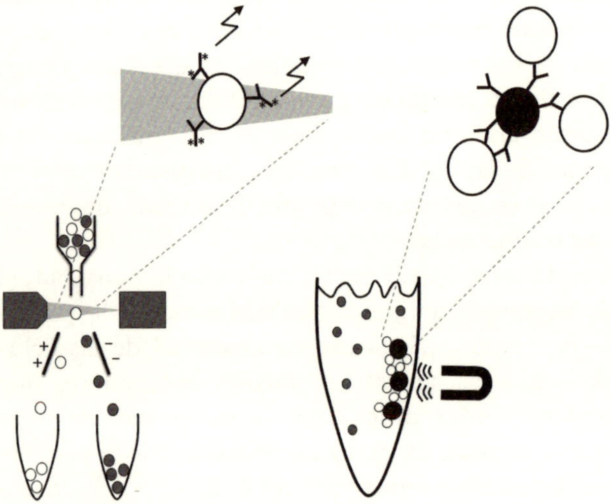

¡Guardadme un poco de juventud!

En los primeros capítulos hemos visto que el papel de las células madre continúa con el mantenimiento del cuerpo adulto. Sin embargo, ni siquiera ellas tienen una vida eterna, y encontrar la cantidad y calidad suficientes en personas con una edad avanzada puede suponer un reto insuperable. Por esta razón, guardar células madre en un momento lo más temprano posible es una idea lógica. El propio cuerpo usa cada célula para soportar su crecimiento en los recién nacidos, pero la placenta y el cordón umbilical solo son necesarios hasta el momento del parto. A principios de los años noventa surgió la idea de conservar las células del cordón umbilical para su uso posterior, y los primeros bancos se crearon en 1993 (Nueva York) y en 1996 (Londres). Actualmente, unas 10.000 personas al año ya reciben trasplantes derivados del cordón umbilical.

Durante el embarazo, el cordón umbilical y la placenta dirigen el intercambio de alimentos y residuos entre el feto y la madre. La parte embrionaria del cordón, la cual forma el corion, crece del mesodermo y es una fuente rica en células madre mesenquimales. Además, estos tejidos producen su propio sistema de sangre para transportar los alimentos al embrión. Sobre todo estas últimas ya tienen un amplio uso en trasplantes. Ya que mantienen una estrecha relación con el órgano que produce la sangre en el cuerpo adulto, la médula ósea, las células madre de la sangre umbilical pueden ser aisladas por un simple lavado del cordón. Los mismos compuestos que protegen a la médula ósea en los autotrasplantes permiten congelar las células obtenidas con el lavado en pequeñas porciones. Antes de congelarlas ya se ha determinado el grupo sanguíneo y el tipo de histocompatibilidad de la muestra. Estos datos se guardan en una base de datos hasta que un paciente compatible pueda necesitar las células. La compatibilidad inicialmente se calcula por ordenador, y solo hace falta la confirmación final con una fracción de células guardadas. ¡Las células de la sangre umbilical se comportan en muchos aspectos igual que una muestra de la propia médula ósea, sin ningún perjuicio para el bebé donante! Además, cada donación de sangre umbilical puede ayudar hasta a cuatro personas, ya que estas células madre son capaces de dividirse antes del trasplante (en el laboratorio) o después, en el cuerpo del receptor.

Algunas de las células madre, aisladas de la sangre umbilical, han mostrado recientemente su capacidad para formar una enorme variedad de tejidos en experimentos de diferenciación forzada. Estas células son muy escasas en la sangre umbilical, pero muestran una capacidad de diferenciación pluripotente, en desafío a su origen mesenquimal. Descubrimientos como estos cambian nuestra definición de las células madre, y desconciertan temporalmente a la comunidad científica, pero pueden dar lugar a nuevas aplicaciones en el futuro.

Aparte de la sangre, el cordón umbilical contiene otro grupo de células madre mesenquimales. Los propios vasos sanguíneos provienen directamente del mesodermo en el embrión, y sus células madre conservan muchas de las propiedades de su origen temprano, entre ellas, un crecimiento rápido. Esta velocidad de crecimiento es un posible problema que preocupa a muchos investigadores. La formación de teratocarcinomas por las células de la masa interior del blastocisto es una prueba habitual para mostrar su capacidad pluripotente, pero también indica que las primeras células del cuerpo son difíciles de domar. Aunque las células de los vasos sanguíneos del cordón umbilical sean células madre embrionarias según la definición estricta, ya han pasado el desarrollo del embrión y quizá se comporten mejor que las células del blastocisto. Solo la sangre umbilical tiene un uso generalizado en la actualidad, aunque algunos bancos guardan células derivadas de los tejidos sólidos del cordón. Varios grupos están probando a trasplantar estas células en animales de experimentación, estudiando con especial énfasis la seguridad a largo plazo. Probablemente no sea posible obtener datos relevantes trabajando con ratones —su vida es demasiado corta— y habrá que esperar hasta obtener resultados con animales más longevos. ¡Tenemos suerte de que las células se puedan conservar en tanques de nitrógeno líquido durante décadas sin perder su viabilidad!

¿Trasplantar o no trasplantar? Esta es la pregunta

Una vez que las células madre han sido aisladas, el próximo paso es usarlas para curar un trauma o una enfermedad. Muchas veces es necesario ampliar el número de células antes de poder aplicarlas. En la experimentación de laboratorio es posible partir de células individuales y esperar semanas hasta tener una población considerable, pero el factor tiempo es mucho más importante para pacientes cuya vida corre peligro. Además, partir de una sola célula tiene el peligro de que justo esa haya podido adquirir una mutación o estado de diferenciación no deseado. Por lo tanto, en aplicaciones clínicas el objetivo siempre es mantener un número bastante grande de células madre que se repartan el trabajo que hay que hacer. Afortunadamente, la autorrenovación que mantiene el número de células madre en el cuerpo sigue activa al cultivarlas en frascos, por lo menos durante un tiempo. Para que las células en expansión enfoquen su esfuerzo en la autorrenovación, se utilizan pequeñas cantidades de hormonas glucocorticoides —habitualmente la dexametasona— que evitan su diferenciación. Hasta el punto de obtener bastantes células madre mesenquimales y opcionalmente expandir su número hay un camino más o menos aceptado, pero la manera en que se propone usar estas células puede ser muy diferente entre un investigador y otro.

Una imagen que sale con regularidad en los medios de comunicación son los órganos "a medida", que han sido cultivados en una incubadora. La creación de órganos sencillos, como por ejemplo la vejiga, la tráquea o las aurículas, ya ha sido probada en el laboratorio. Sobre todo los tejidos conectivos crecen con vigor en soportes plásticos biocompatibles y pueden reemplazar tejidos con una función estructural al igual que una prótesis. Sin embargo, todavía nos falta llegar al punto donde podamos crear órganos complejos para trasplantar. La mayoría de los órganos combinan dos o más tipos de células para realizar su función, y su desarrollo durante el embarazo requiere el crecimiento coordinado de todos los tipos a la vez. En el intestino, por ejemplo, las células madre están localizadas en las criptas, en una posición determinada en un soporte de fibras conectivas y los músculos que generan los movimientos peristálticos. La incorporación de una matriz de materiales compatibles, que forman un andamio donde se adhieren las células, ayuda a crear una forma tridimensional, pero dirigir cada célula a un sitio adecuado dentro de esta estructura es una asignatura pendiente.

Crecer un órgano completo supone un reto para la medicina regenerativa que goza de mucha atención, pero quizá no sean necesarias medidas tan extremas para resolver algunos problemas. En vez de hacer crecer un nuevo órgano en el laboratorio, otros grupos dirigen sus esfuerzos a la reparación de los daños en el cuerpo con las células madre. Una de las ideas más claras, aunque a veces bastante difícil de poner en práctica, es usar células madre dedicadas a un tipo de tejido para aumentar la función reparadora directamente en el receptor. Para este tipo de trasplantes no hace falta usar un estadio poco diferenciado —células madre mesenquimales—, pero sirven células progenitoras del mismo tejido donado por personas sanas, por ejemplo, víctimas de accidentes mortales. En contraste con un trasplante del mismo órgano, las células madre son infusionadas después de su expansión en el laboratorio. Sobre todo en los casos donde el trasplante del órgano completo no es posible, por ejemplo para enfermedades degenerativas de la médula espinal, la introducción de células madre dedicadas en el órgano puede ser una alternativa. Aunque todavía se encuentren en una fase experimental, algunos estudios ya están analizando la eficacia y seguridad de la inyección cervical de células madre neuronales para aliviar los efectos de la *esclerosis lateral amiotrófica*, una enfermedad letal hasta ahora. En lugar de usar progenitoras neuronales, algunos científicos proponen cambiar el programa de especialización de otras células madre para que formen neuronas. Este fenómeno, que se llama *transdiferenciación*, implica redirigir el programa de especialización normal hacia otro tipo de tejido completamente diferente.

Aunque la transdiferenciación funciona bien en investigación, aplicando distintas hormonas relacionadas con los factores de crecimiento, los datos que tenemos son insuficientes para estimar su validez en medicina. Un problema con la diferenciación forzada, hacia las células correspondientes o hacia otro tipo, es la pérdida de la autorrenovación. Resulta bastante complicado dosificar el grado de diferenciación para que no se produzca una población de células completamente especializadas, pero sin una capacidad residual de crecimiento.

Aunque actualmente hay grupos que estudian la posibilidad de usar la transdiferenciación para convertir células madre de la grasa, por ejemplo, en células del páncreas que producen la insulina, estas investigaciones todavía no han llegado a las pruebas preclínicas de eficacia y seguridad.

Figura 16

Transdiferenciación. La flecha gruesa indica el cambio de células madre mesenquimales hacia células neuronales. (Detalle de la figura 3.)

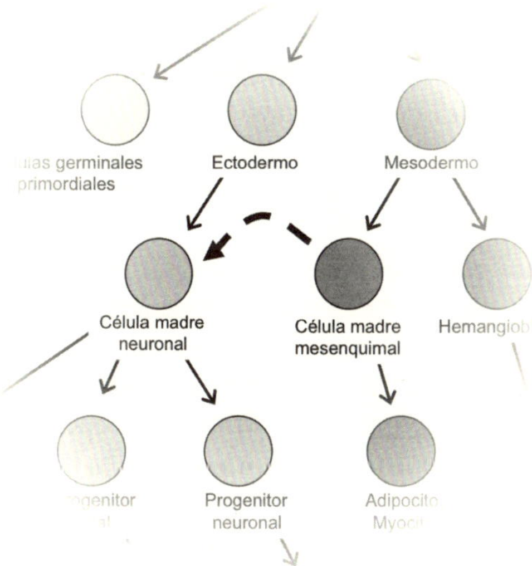

El uso de las células madre en medicina ha pasado por una época muy mediática a finales del siglo XX y principios del siglo XXI. Sin embargo, su aplicación ha estado limitada por nuestra visión clásica de su función en el desarrollo y mantenimiento de los órganos, reponiendo las células gastadas o haciendo crecer órganos nuevos en un frasco. Poco a poco, la investigación está mostrando que otras propiedades de las células madre pueden ser igual de importantes para la medicina. Ya hemos visto que nuestro cuerpo está controlado por una variedad de hormonas, y las células madre, por supuesto, participan en muchas rutas de señalización. En los últimos años, algunos grupos de investigación han empezado a mirar las señales emitidas por las células madre. Cuando un órgano sufre un trauma, las células madre no solo responden intentando reparar los daños reponiendo las células perdidas, sino que también lo hacen produciendo hormonas que ayuden a conservar la funcionalidad. Hay señales para prevenir una apoptosis excesiva, y para reclutar los componentes del sistema inmune necesarios para eliminar la parte dañada del tejido. Además, un conteo de células madre después de su trasplante ha mostrado que la gran mayoría de ellas —algunos estudios indican que son hasta el 98%— mueren pocos días después de ser introducidas en el receptor. Por estas razones, algunos grupos de investigación han sugerido que los efectos de las señales de reparación pueden ser más importantes que aportar más células al órgano dañado. Aunque se trate de una visión muy reciente, ya se ha traducido en una serie de pruebas clínicas.

En traumas graves es común que se rompan uno o más huesos grandes, pero la recuperación es generalmente buena si el paciente sobrevive los primeros días. La rotura de un hueso grande puede liberar una gran cantidad de células de la médula ósea a la sangre, y sería una pena que el cuerpo las desperdiciara. Cuando el cuerpo y los huesos se han recuperado, las células de la médula ósea vuelven a su sitio de forma natural. Debido a esta propiedad, su trasplante es relativamente sencillo: una vez inyectadas en la sangre del receptor, es cuestión de tiempo que encuentren la médula ósea. En traumas del cuerpo, las células madre de la médula ósea no simplemente parecen volver a los huesos, sino que también participan en la reparación de daños en los órganos no relacionados. Los órganos del cuerpo se comunican a través de señales hormonales y saben dirigir a parte de las células madre hacia los sitios dañados. Con esta filosofía se han empezado varias pruebas de trasplantes de células madre sistémicas para aumentar la reparación de traumas. Especialmente la recuperación del corazón después de un infarto ha recibido mucha atención. Una infusión de una dosis grande de células madre en la sangre o directamente en el corazón debería ayudar a una mayor recuperación. Y, aunque todavía tenemos que esperar para poder evaluar los resultados definitivos de estos estudios, las pruebas iniciales son prometedoras. Unos pocos científicos han ampliado esta idea y proponen eliminar el trasplante de células del procedimiento. Un tratamiento con hormonas que liberen las células de la médula ósea a la sangre, las mismas que ya se usan para facilitar la aféresis, debería poner en circulación bastantes células madre para acelerar la curación de traumas de manera "natural". Solo una extensa serie de pruebas, al principio mejor en animales, podrá decir si esta propuesta funciona en la práctica.

En los últimos años, el uso de células madre se ha extendido más allá de los trasplantes. Los estudios con ratones de principios del siglo XXI han mostrado otras propiedades de las células madre, las cuales pueden aprovecharse sin necesidad de trasplantarlas. Un fenómeno con una posible utilidad en clínica es el entrenamiento del sistema inmune para que no ataque a las propias células. En la diabetes tipo I, el sistema inmune destruye poco a poco las células beta del páncreas; se trata, por tanto, de una enfermedad autoinmune y suele empezar a tener efecto cuando los jóvenes están en pleno crecimiento. Sin las células beta, el cuerpo no puede amortiguar los niveles de glucosa que se producen cuando comemos, lo que provoca fluctuaciones violentas y daños a otros órganos. En la diabetes tipo II, las células que convierten la glucosa para sacarla de la sangre no responden a la insulina, pero esta última función sigue intacta en la diabetes tipo I. Por lo tanto, el remedio para la diabetes tipo I es medir los niveles de glucosa en sangre a intervalos regulares y después de cada comida e inyectar la cantidad de insulina necesaria. Un consorcio de grupos en Estados Unidos y China ha usado células madre de la sangre umbilical para "educar" al sistema inmune de pacientes con diabetes tipo I. Sin realizar un trasplante, pero en un sistema de circulación fuera del cuerpo parecido a la diálisis, han puesto los linfocitos de la sangre en contacto con células madre inmovilizadas. En la sangre circulan linfocitos reguladores, con capacidad para reducir la actividad del sistema inmune y prevenir las alergias y la autoinmunidad. El contacto con las células madre parece activar estos linfocitos reguladores y permitir una recuperación parcial de las células beta en el páncreas. La reducción de la respuesta autoinmune no cambia las células madre del páncreas, pero reestablece el equilibrio entre producción y muerte natural de las células especializadas.

Poco a poco, y gracias a los hallazgos científicos de las últimas décadas, la medicina se está adaptando al concepto "célula madre". Algunos métodos que funcionan sin problemas en el laboratorio pueden, sin embargo, resultar inútiles en clínica ante la falta de tiempo o por su baja eficiencia. Es relativamente fácil esperar a dos generaciones de ratones o inyectar centenares de núcleos en oocitos para estudiar las propiedades de las células madre, pero esto no lo hace directamente aplicable a las personas. Al final, la carrera que ha experimentado la investigación ha producido una variedad de posibilidades, las cuales todavía tienen que pasar un filtro que elimine ideas demasiado futuristas. Parece que las pruebas preclínicas obligatorias para cualquier medicamento ya están haciendo su trabajo de "desbroce", simplemente porque obligan a los científicos a pensar en la situación práctica que nos presenta el cuerpo humano. Espero que en los próximos años podamos ver un acercamiento entre laboratorio y clínica para decidir qué aspecto de las células madre realmente merece la pena investigar.

EPÍLOGO

¿Más allá de la vida natural?

Superhéroes

En los años treinta y cuarenta del siglo pasado aparecieron los primeros cómics de superhéroes en los Estados Unidos. Curiosamente, en las mismas décadas se produjeron los descubrimientos que describen los efectos de fenómenos físicos sobre los seres vivos, como por ejemplo la capacidad de generar mutaciones por radiación. Muchos de los superhéroes han obtenido sus poderes por accidente, tras caer en residuos tóxicos o recibir un mordisco de una araña radiactiva. De alguna manera, el desafortunado que sufre este accidente adquiere una mutación, la cual le provoca los fenómenos supernaturales y lo convierte en superhéroe. En los laboratorios de la época se utilizaron millones de moscas y plantas para estudiar los efectos mutagénicos de la radiación. Varios científicos expertos en este campo recibieron el Premio Nobel por sus hallazgos, entre ellos, Hermann Joseph Müller y Barbara McClintock. Sin embargo, nunca se ha producido una transformación parecida a la de los cómics, más bien al contrario. La mayoría de las mutaciones eliminan una función en vez de añadirla, y resulta difícil dotar al cuerpo con propiedades completamente nuevas. A continuación ofreceré brevemente unas últimas consideraciones sobre las posibilidades de las células madre para intervenir en nuestra salud y las limitaciones naturales o técnicas asociadas.

¿Crear o copiar?

En el año 2008, el instituto estadounidense que determinó gran parte de la secuencia de los cromosomas humanos anunció haber creado vida artificial por primera vez. La noticia no solo llegó a la portada de revistas profesionales importantes, sino también a los medios de comunicación de todo el mundo. Según la nota de prensa, este laboratorio había creado de nuevo la bacteria *Mycoplasma genitalium.* Aunque, desafortunadamente, los detalles del hallazgo no recibieron mucha atención en la prensa, merece la pena conocerlos en relación con este libro. Una lectura de la publicación científica correspondiente muestra que la empresa en realidad construyó el cromosoma de la bacteria parasitaria *Mycoplasma genitalium* —10 veces más pequeño que el de una bacteria común en nuestro intestino, *Escherichia coli*— desde segmentos. Después de ensamblar de nuevo el cromosoma completo, fue introducido en una célula bacteriana en la cual se destruyó el propio cromosoma. Al igual que el núcleo de las ranas albinas, transferido por el doctor Gurdon, el cromosoma sintético depende de las proteínas y membrana de la célula anfitriona para su supervivencia. Generar un cromosoma artificial por síntesis química ha sido un gran logro, pero no ha tenido el impacto que corresponde a la atención —aunque breve— recibida en los medios de comunicación. Aunque los cromosomas artificiales hayan supuesto un hito tecnológico importante, no han contribuido con nuevos datos sobre cómo funciona la bacteria. Los resultados, por lo tanto, han aportado poco a nuestros conocimientos fundamentales de la biología. Al final, la secuencia del ADN del organismo creado en el laboratorio era casi igual a la secuencia de un *Mycoplasma genitalium* encontrado en el medio ambiente. La única diferencia era un marcador que mostraba la transferencia del ADN sintético, comparable con el albinismo de las ranas del doctor Gurdon. Hasta el momento en que los científicos aprendamos a diseñar proteínas funcionales —el producto final de los genes—, los cromosomas artificiales deben considerarse una recreación en vez de una nueva creación.

Las revistas de superhéroes siguen en los quioscos, pero probablemente nunca vayamos a encontrar paquetes con células madre o animales con cromosomas sintéticos para usos domésticos. De momento, el uso de células madre se limita en medicina a tan solo un par de aplicaciones, la mayoría de ellas por una simple infusión sin elegir un órgano diana en concreto. Las pruebas para poder aplicarlas en tratamientos dirigidos están empezando, y probablemente veamos nuevas posibilidades en un futuro próximo. Afortunadamente, el principal uso hasta ahora, la reconstitución de la médula ósea donde se alojan fácilmente las células introducidas, ayuda a miles de personas cada año.

La principal barrera para convertir las células madre en un arma universal que combata enfermedades variadas parece ser el propio cuerpo del receptor. La mayoría de pruebas en el laboratorio se realizan con ratones, por su fácil manejo y coste relativamente bajo. ¡No es lo mismo alojar cien caballos que cien ratones! Todavía no está claro si una infusión de células en un cuerpo envejecido puede reparar los daños con la misma eficacia que lo hacen en estos animales de experimentación, que nunca alcanzan la misma edad que los humanos. Es posible que un cuerpo envejecido simplemente no tenga la misma susceptibilidad para ser reparado. Además, cuando todo el cuerpo ha alcanzado una edad avanzada, no sabemos si reparar un solo órgano puede tener un efecto positivo durante muchos años o no. Los superhéroes parecen vivir en un estado de juventud perpetua, pero el envejecimiento es un fenómeno que afecta de forma integral a todo el cuerpo, y del cual no escapa nadie en el mundo real.

La segunda barrera es la complejidad de la biología, mucho mayor de lo que parece o incluso de lo que podemos imaginar. Recordemos la localización de las células madre en el intestino. ¡Para rejuvenecer este órgano dentro del cuerpo haría falta poner cada una de ellas en su sitio adecuado! Cuando crecemos, nuestros órganos tardan entre meses y años para formar su estructura final, y cada célula tiene los vecinos y contactos que necesita para funcionar. En la medicina regenerativa no disponemos del mismo tiempo para reparar los daños, e intentamos acelerar este desarrollo natural. Aunque las investigaciones para crear órganos en un frasco avanzan, a veces más rápido de lo que los propios científicos pueden imaginar, de momento estamos creando parches temporales y rudimentarios. En términos científicos decimos que las células madre tienen potencial, pero en palabras normales esto sugiere que todavía es incierto un uso cotidiano de sus propiedades. Seguramente tardaremos todavía años en aprender todos los secretos de las células madre, antes de poder usarlas para mejorar nuestra salud.

Cronología

1826 Henri Dutrochet propone que la célula es la unidad de organización básica de todos los seres vivos.

1909 Alexander Maximov propone la existencia de células madre en la médula ósea. Durante casi un siglo, la médula ósea ha sido el objeto de estudio más prolífico en relación con las células madre.

1951 George Otto Gey consigue cultivar por primera vez células humanas en el laboratorio. Las células, provenientes de la americana Henrietta Lacks, todavía crecen con el mismo vigor que el primer día. Actualmente, en los laboratorios de todo el mundo se utilizan más de 3.000 tipos de células, que provienen de aproximadamente 80 especies distintas.

1953 James Dewey Watson y Francis Crick describen la estructura de la doble hélice de ADN, basándose en los datos obtenidos por Rosalind Franklin. El conocimiento de la estructura del ADN hace posible, años más tarde, su manipulación con enzimas y la creación de organismos transgénicos.

Décadas de 1950 y 1960 Los doctores Medawar y Snell, entre otros, descubren la histocompatibilidad, la barrera más importante para realizar trasplantes universales y causa principal de los rechazos.

1958 El doctor John Gurdon realiza transferencias de núcleos en oocitos de rana, mostrando que todas las células del cuerpo disponen de la misma información genética. Los oocitos pueden reprogramar el núcleo, activando de nuevo los genes de la embriogénesis temprana, y de esta manera producir un animal entero a partir de una célula somática.

1978 Los doctores Elizabeth Blackburn, Carol Greider y Jack Szostak aíslan y secuencian el telómero de *Tetrahymena* (una especie de protozoos). En 1984, estos investigadores descubren la enzima que previene la erosión de los telómeros (la telomerasa). Tres décadas después, los *centrómeros* y *telómeros* todavía mantienen ocupados a los científicos que intentan explicar la inestabilidad cromosómica. El mantenimiento de los telómeros resulta ser uno de los fenómenos más importantes para la autorrenovación de las células madre.

1981 La doctora Gail Martin, en Estados Unidos, y los doctores Martin Evans y Matthew Kaufman, en el Reino Unido, conciben, de manera independiente, un protocolo para aislar células madre embrionarias y cultivarlas fuera del cuerpo.

1989 Los doctores Mario Capecchi, Martin Evans y Oliver Smithies inventan las primeras maneras de generar ratones *knock-out*. Su técnica permite el análisis en el ratón de los genes humanos equivalentes. En la actualidad, se han generado más de 10.000 modelos de ratones con estos métodos.

Décadas de 1990 y 2000 Desarrollo de métodos para identificar los ARN mensajeros en microchips y comparar la actividad de todos los genes en dos poblaciones de células. Esencialmente, esta técnica ha permitido evaluar los cambios que ocurren dentro de las células durante la diferenciación.

1993 Se abren los primeros bancos de sangre umbilical, una fuente rica en células madre usada ya para miles de trasplantes de médula ósea al año. Actualmente se están realizando experimentos para determinar los posibles usos y la seguridad de las células madre mesenquimales del cordón umbilical.

1996 Nace el primer mamífero clonado con el método descubierto por el doctor Gurdon en los años cincuenta, la oveja Dolly. Aunque la clonación de algunos animales con este método haya tenido éxito, no ha sido posible "desextinguir" especies ya desaparecidas. La fusión de células madre embrionarias con blastocistos ha reemplazado la transferencia de núcleos en la mayoría de los laboratorios.

2001 Identificación de células madre en cáncer. Las primeras pruebas encontraron células madre en tumores de cuello y mama, pero la visión actual es que casi todos los tipos de cáncer se sostienen en un grupo de células con estas características.

2004 Finaliza el Proyecto Genoma Humano. Aunque las reacciones para obtener la secuencia de nuestros 3.000 millones de bases se habían completado tres años antes (en 2001), se necesitaron tres años más para alinear y unir estas secuencias hasta obtener una sola secuencia por cromosoma (el ensamblaje). En realidad, todavía falta por secuenciar aproximadamente un 5% de nuestros cromosomas: las regiones donde se localizan los centrómeros.

2006 El doctor Yamanaka descubre los factores nucleares más importantes para revertir la diferenciación y genera por primera vez células madre pluripotentes inducidas. Estas células son actualmente una herramienta muy usada en investigación sobre células madre, pero todavía no se aplican en medicina porque pueden estar relacionadas con la formación de tumores. En lugar de las células pluripotentes inducidas, la transdiferenciación de células madre mesenquimales ha atraído recientemente el interés de la comunidad científica por sus posibles aplicaciones médicas.

Décadas del 2000 y 2010	Los microchips y otros métodos moleculares permiten identificar los marcadores más importantes de las células madre, facilitando su identificación en órganos sanos y enfermos, así como su aislamiento para investigación y medicina.

Glosario

ADN polimerasa y ARN polimerasa: las polimerasas son enzimas que producen polímeros. En el caso de la ADN polimerasa, la enzima hace una copia del ADN y produce una nueva molécula de ADN. La ARN polimerasa también lee el ADN, pero produce una molécula de ARN, por ejemplo, los mensajeros que transmiten las instrucciones genéticas a los ribosomas donde se producen las proteínas. Para duplicar los cromosomas, las células disponen de varias ADN polimerasas, y las mitocondrias, con su propio cromosoma, tienen su ADN polimerasa independiente. También hay varias ARN polimerasas, para transcribir diferentes clases de genes.

Aneuploidía: un número equivocado de cromosomas, es decir, cualquier número que no es diploide ni haploide. Algunas células tienen un genoma poliploide estable (algunos cereales son hexaploides), y no se considera una aneuploidía.

Apoptosis: muerte programada de las células. La apoptosis es una decisión "consciente" de la célula en respuesta a daños genéticos o a la acumulación de agregados de proteínas. También una orden del sistema inmune puede inducir la apoptosis.

Autorrenovación: capacidad para replicarse durante varias generaciones sin presentar un cambio en el estado no diferenciado. Entonces, la autorrenovación mantiene el número de células madre de un tejido sin que estas presenten signos de diferenciación, ya que esta última implica una pérdida de crecimiento.

Blastocisto: estado temprano de desarrollo del embrión, en el que las células que formarán el feto se envuelven con una capa de células que formará la placenta, en este momento llamado trofoblasto. La masa de células interior es una fuente común de células madre en la investigación con ratones. Al revés, la fusión de células madre con la masa interior es un paso esencial en la generación de modelos de animales transgénicos.

Células madre: células dotadas con la capacidad de autorrenovación y diferenciación al mismo tiempo. Entonces, las células madre pueden producir más células madre y producir también células diferenciadas. En la práctica, el grupo de células que da lugar a células especializadas para renovar el tejido sin reducir su número se mantiene durante un corto plazo.

Células somáticas: del griego *soma*, las células normales del cuerpo. Las células somáticas representan la población grande que no destacan por un comportamiento especial. La palabra "somática" en general indica una diferencia entre un grupo especial de células y las demás células normales o sin esta función. Ya que la palabra indica "todo el resto", en realidad no identifica un tipo de células en particular.

Centrómero: estructura interna presente en los cromosomas, que tiene la función de dirigir la correcta segregación de los cromosomas durante la mitosis. Por lo tanto, el centrómero tiene que prevenir la aneuploidía.

Clon: copia genéticamente exacta de un ser vivo. En el laboratorio se utiliza para indicar la expansión de células modificadas genéticamente a partir de una sola célula.

Cromátida: una de las dos dobles hélices de ADN de un cromosoma replicado. Entre la duplicación de los cromosomas y la división celular, cada cromosoma contiene dos cromátidas que se separan en la mitosis.

Diferenciación: ejecución del programa de especialización de una célula madre, que la convierte en una célula más especializada. La diferenciación conlleva la activación de una serie de genes específicos para el estado especializado, y la supresión de otros relacionados con la identidad de la célula madre.

Esclerosis lateral amiotrófica: enfermedad degenerativa de las neuronas que dirigen los músculos. Por la pérdida de estas neuronas, los músculos no reciben las señales para contraerse y se van atrofiando poco a poco. La combinación de la pérdida de estas neuronas y la reducción de la tensión muscular siempre es letal en esta enfermedad. Aunque hay una pequeña fracción de pacientes con una alteración hereditaria, la causa de la enfermedad en la mayoría de ellos es desconocida.

Hibridación: pegado de la doble hélice de manera experimental de las dos cadenas individuales del ADN separadas anteriormente. Marcando una cadena (con una marca radiactiva o fluorescente), se puede localizar y seguir la otra mitad después de juntar de nuevo las dos cadenas. Aunque la mayoría de las moléculas de ARN en la célula tienen una sola cadena, esta también se puede hibridar. Durante la transcripción de los genes, se forma temporalmente un híbrido de una cadena de ADN (el gen) y ARN (mensajero), antes de exportar este último al citoplasma.

Homeostasis: equilibro que permite a una célula, un tejido o un órgano realizar su función. Normalmente significa mantener los niveles de energía o el número de células entre límites inferiores y superiores. En biología, los equilibrios generalmente son dinámicos, lo cual significa que se pierden cuando no se cuidan. Por lo tanto, la homeostasis de los órganos requiere monitorizar y controlar constantemente, y añadir o restar células y nutrientes.

Knock-out: organismo al que se le ha eliminado un determinado gen. Por lo general no se puede eliminar un segmento de ADN directamente, pero sí reemplazar el gen de interés por un marcador. En seres vivos diploides, como los mamíferos, es una práctica normal reemplazar solo un alelo con el marcador y cruzar los animales para conseguir eliminar el otro alelo en parte de su descendencia.

Marcador: secuencia corta de ADN, o gen completo con su proteína correspondiente, que permite identificar, seguir o caracterizar una población de células de interés para el investigador. La potencia de un marcador depende de su capacidad para discriminar entre las células de interés y las demás células de la muestra.

Mesénquima: también denominada con el término mesodermo. Capa intermedia del embrión en el desarrollo temprano, a través de la cual se forman los tejidos conectivos del cuerpo (por ejemplo, músculos, tendones y grasa). Las otras capas del embrión se llaman endodermo (capa interna que forma órganos internos como el intestino) y ectodermo (capa externa que forma la piel).

Progeria: envejecimiento prematuro. La progeria puede producirse por distintas razones, muchas de las cuales están relacionadas con una acumulación acelerada de alteraciones genéticas. Aunque los síndromes de progeria más conocidos se producen por fallos en la reparación de daños en los cromosomas, recientemente han sido identificadas varias condiciones hereditarias donde la generación de células aneuploides y su muerte por apoptosis son la causa principal.

Proyecto Genoma Humano: proyecto cuyo objetivo era determinar la secuencia de todos los cromosomas humanos e identificar los genes que contienen. Aunque el proyecto ha cubierto más del 90% del ADN humano, algunas regiones de los cromosomas tienen la información repetida y no han producido secuencias fiables. La secuencia exacta de cada centrómero sigue siendo desconocida.

Quimera: ser vivo compuesto por dos o más tipos de células genéticamente diferentes. En general se produce por la fusión de células de dos individuos de una especie o de dos especies relacionadas. Los injertos de vides son quimeras, pero no los mulos; estos últimos son híbridos, porque todas sus células tienen una mezcla de cromosomas de las dos especies. Según la definición, ¡las personas que llevan un trasplante que no viene de su mellizo son quimeras! A menudo, unas pocas células del embrión pasan a la madre en el embarazo, produciendo un grado bajo de quimerismo que se llama microquimerismo.

Recombinación: intercambio de ADN entre dos cadenas con secuencias parecidas, controlado por las enzimas de reparación dentro del núcleo. En contraste con el otro sistema de reparación de roturas de ADN, en el cual simplemente se fusionan fragmentos de ADN por sus extremos, la recombinación "compara" secuencias internas para no producir intercambios entre cromosomas no relacionados. Usando un fragmento de ADN circular o lineal como sustrato, la recombinación puede generar inserciones o intercambiar un fragmento de ADN por otro.

Senescencia: estado no proliferativo o estancamiento de las células, inducido por la acumulación o peligro de daños. Muchas veces está relacionada con el acortamiento de los telómeros. Aunque las células senescentes paran su crecimiento de manera forzada, no sufren la muerte programada. Algunos datos indican que la senescencia puede tener grados donde se frena el ciclo celular sin pararlo de todo. La reparación de los daños o el alargamiento los telómeros podría revertir la senescencia.

Telómero y telomerasa: el telómero es una estructura de ADN en forma de imperdible, situada al extremo de los cromosomas, cuya función es proteger a los cromosomas contra la erosión y la fusión. La telomerasa es una enzima que añade pequeños trocitos de ADN a los telómeros, usando un andamio de ARN. La telomerasa previene el acortamiento y la pérdida de funcionalidad de los telómeros.

Transcripción: producción de ARN en los genes activos. Ya que los genes activos determinan la identidad de una célula, el conjunto de ARN mensajeros, conocido con el nombre de transcriptoma, es una herramienta universal para identificar el tipo celular.

Transdiferenciación: fenómeno en el que las células madre dedicadas a formar un determinado tejido pueden cambiar su programación para convertirse en un tipo de tejido no relacionado.

Transfección: cualquier método para introducir ADN o ARN en células de mamíferos. Durante muchos años se usaba la microinyección de células individuales o la formación de un precipitado de ADN con calcio, unas técnicas poco eficientes. En la actualidad las formas que más se usan son la encapsulación de ADN o ARN en liposomas, que posteriormente se fusionan con la membrana, o bien se añade ADN o ARN libre al medio celular y se induce la formación de poros en la membrana mediante un pulso eléctrico para permitir su paso al interior de la célula.

Transgénico: ser vivo que tiene implantado un intervalo de ADN ajeno, perteneciente a otra especie. Este intervalo puede estar presente en forma de un cromosoma propio o haberse integrado en uno de los cromosomas del anfitrión mediante una recombinación.

Bibliografía

Kelly, Evelyn B. (2007): *Stem cells,* Greenwood Press, Wetport (CT).

Knoepfler, Paul (2013): *Stem Cells: An insider's guide*, World Scientific Publishing Co. Pte. Ltd., Singapur.

Lazo, Pedro A. y Sánchez-García, Isidro (eds.) (2010): *Medicina regenerativa y células madre*, colección Anejos Arbor, CSIC-Los Libros de la Catarata, Madrid.

McLaren, Anne (2003): *Clonación*, traducción de Carmen Peris Caminero, Editorial Complutense, Madrid.

Mummery, Christine; Van De Stolpe, Anja; Roelen, Bernard y Clevers, Hans (2011): *Stem cells: Scientific facts and fiction*, Elservier / Academic Press, Londres.

Nombela Cano, César (2007): *Células madre: Encrucijadas biológicas para la medicina*, EDAF, Madrid.

Nombela Cano, César y Simón Vallés, Carlos (2010): *Células madre*, colección Debates Científicos, CSIC-Los Libros de la Catarata, Madrid.